中国式现代化研究丛书

张东刚 刘 伟 总主编

GZC 高校主题出版
GAOXIAO ZHUTI CHUBAN

建设人与自然和谐共生的现代化

张云飞 李 娜 ◎ 著

中国人民大学出版社

· 北京 ·

以中国式现代化
全面推进中华民族伟大复兴

　　历史总是在时代浪潮的涌动中不断前行。只有与历史同步伐、与时代共命运的人，敢于承担历史责任、勇于承担历史使命的人，才能赢得光明的未来。习近平总书记在党的二十大报告中庄严宣示："从现在起，中国共产党的中心任务就是团结带领全国各族人民全面建成社会主义现代化强国、实现第二个百年奋斗目标，以中国式现代化全面推进中华民族伟大复兴。"这一重要宣告不仅明确了新时代新征程赋予党和人民的中心任务，而且明确了新时代全面推进中华民族伟大复兴的方向和道路，对于全面建成社会主义现代化强国、实现中华民族伟大复兴具有重要指导意义。

　　现代化是人类社会发展到一定历史阶段的必然产物，是社会基本矛盾运动的必然结果，是人类文明发展进步的显著标志，也是世界各国人民的共同追求。实现国家现代化是鸦片战争后中国人民孜孜以求的目标，也是中国社会发展的客观要求。从1840年到1921年的80余年间，无数仁人志士曾为此进行过艰苦卓绝的探索，甚至付出了血的代价，但均未成功。直到中国共产党成立后，中国的现代化才有了先进的领导力量，才找到了正确的前进方向。一百多年来，中国共产党团结带领中国人民所进行的一切奋斗都是围绕着实现中华民族伟大复兴这一主题展开的，中国式现代化是党团结带领全国人民实现中华民族伟大复兴的实践形态和基本路径。中国共产党百年奋斗的历史，与中国式现代化开创拓展的历史，以及实现中华民族伟大复兴的奋斗史是内在统一的，内蕴着中国式现代化的历史逻辑、理论逻辑和实践逻辑。

一个时代有一个时代的主题，一代人有一代人的使命。马克思深刻指出："人们自己创造自己的历史，但是他们并不是随心所欲地创造，并不是在他们自己选定的条件下创造，而是在直接碰到的、既定的、从过去承继下来的条件下创造。"中国式现代化是中国共产党团结带领中国人民一代接着一代长期接续奋斗的结果。在新民主主义革命时期，党团结带领全国人民浴血奋战、百折不挠，推翻了三座大山的压迫，建立了人民当家作主的新型制度，实现了民族独立、人民解放，提出了推进中国式现代化的一系列创造性设想，为实现中华民族伟大复兴创造了政治前提、社会基础等重要社会条件。在社会主义革命和建设时期，党团结带领人民自力更生、发愤图强，进行社会主义革命，推进社会主义建设，确立社会主义基本制度，完成了中华民族有史以来最广泛而深刻的社会变革，提出并积极推进"四个现代化"的目标任务，在实现什么样的现代化、怎样实现现代化的重大问题上作了宝贵探索，积累了宝贵经验，为实现中华民族伟大复兴奠定了根本政治前提和制度基础。在改革开放和社会主义现代化新时期，党团结带领人民解放思想、锐意进取，实现了新中国成立以来党的历史上具有深远意义的伟大转折，确立党在社会主义初级阶段的基本路线，坚定不移推进改革开放，开创、坚持、捍卫、发展中国特色社会主义，在深刻总结我国社会主义现代化建设正反两方面经验基础上提出了"中国式的现代化"的命题，提出了"建设富强、民主、文明的社会主义现代化国家"的目标，制定了到 21 世纪中叶分三步走、基本实现社会主义现代化的发展战略，让中国大踏步赶上时代前进步伐，为实现中华民族伟大复兴提供了充满新的活力的体制保证和快速发展的物质条件。进入中国特色社会主义新时代，以习近平同志为核心的党中央团结带领人民自信自强、守正创新，统筹中华民族伟大复兴战略全局和世界百年未有之大变局，统筹推进"五位一体"总体布局、协调推进"四个全面"战略布局，在实现第一个百年奋斗目标基础上，明确了实现第二个百年奋斗目标的战略安排，作出了"新两步走"的战略部署，擘画了实现中国式现代化的宏伟蓝图，吹响了以中国式现代化全面推进中华民族伟大复兴的新时代号角，党和国家事业取得历史性成就、发生历史性变革，大大推进和拓展了中国式现代化，为实现中华民族伟大复兴提供了更为完善的制度保证、更为坚实的物质基础、更为主动的精神力量。

思想是行动的先导，理论是实践的指南。毛泽东同志深刻指出："自从中国人学会了马克思列宁主义以后，中国人在精神上就由被动转入主动。"中国共产党是为中国人民谋幸福、为中华民族谋复兴的人民性和使命型政党，也是由科学社会主义理论武装起来的学习型政党。中国共产党的百年奋斗史，在一定程度上也是马克思主义中国化时代化的历史，"中国共产党为什么能，中国特色社会主义为什么好，归根到底是马克思主义行，是中国化时代化的马克思主义行"。一百多年来党团结带领人民在中国式现代化道路上推进中华民族伟大复兴的历程，始终是在马克思主义现代化思想和中国化时代化的马克思主义现代化理论指导下进行的。中国式现代化是马克思主义理论逻辑和中国社会发展历史逻辑的辩证统一，是根植于中国大地、反映中国人民意愿、适应中国和时代发展进步要求的现代化。中国化时代化的马克思主义是中国共产党团结带领人民在百年奋斗历程中的思想理论结晶，包含了全面实现中国式现代化的指导思想、目标任务、重大原则、领导力量、依靠力量、制度保障、发展道路、发展动力、发展战略、发展步骤、发展方式、发展路径、发展环境、发展机遇以及方法论原则等十分丰富的内容，其中习近平总书记关于中国式现代化的重要论述全面系统地回答了中国式现代化的指导思想、目标任务、基本特征、本质要求、重大原则、发展方向等一系列重大问题，是新时代推进中国现代化的理论指导和行动指南。

大道之行，壮阔无垠。一百多年来，党团结带领人民百折不挠，砥砺前行，以中国式现代化全面推进中华民族伟大复兴，用几十年时间走过了西方发达国家几百年走过的现代化历程，在经济实力、国防实力、综合国力和国际竞争力等方面均取得巨大成就，国内生产总值稳居世界第二，中华民族伟大复兴展现出灿烂的前景。习近平总书记在庆祝中国共产党成立100周年大会上的讲话中指出："我们坚持和发展中国特色社会主义，推动物质文明、政治文明、精神文明、社会文明、生态文明协调发展，创造了中国式现代化新道路，创造了人类文明新形态。"在一定程度上说，党团结带领人民开创和拓展中国式现代化的百年奋斗史，就是全面推进中华民族伟大复兴的历史，也是创造人类文明新形态的历史。伴随着从站起来、富起来到强起来的伟大飞跃，中华民族必然会迎来中华文明的再次伟大复兴，创造人类文明新形态。

从国家蒙辱到国家富强、从人民蒙难到人民安康、从文明蒙尘到文明复兴，体现了在中国共产党领导下中国社会和人类社会、中华文明和人类文明发展的内在关联和实践逻辑，构成了近代以来中华民族发展变迁的一条逻辑线索。中国共产党在不同历史时期推进中国式现代化的实践史，勾勒了中国共产党百年持续塑造人类文明新形态的历史画卷。人类文明新形态是党团结带领人民独立自主地持续探索具有自身特色的革命、建设和改革发展道路的必然结果，是马克思主义现代化思想、世界现代化普遍特征、中华优秀传统文明成果和中国具体实际相结合的产物，是中国共产党百年持续推动现代化建设实践的结晶。人类文明新形态既不同于崇尚资本至上、见物不见人的资本主义文明形态，也不同于苏联东欧传统社会主义的文明模式，是中国共产党对人类文明发展作出的原创性贡献，它把中国特色和世界普遍性特征相统一，既是中华文明的新样态，也是人类文明的新形式，站在了真理和道义的制高点上，回答了"中华文明向何处去、人类文明向何处去"的重大问题，回答了中国之问、世界之问、人民之问、时代之问，是党和人民对世界文明的重大贡献。人类文明新形态必将随着中国式现代化的持续全面推进而不断丰富发展。

胸怀千秋伟业，百年只是序章。习近平总书记强调："一个国家、一个民族要振兴，就必须在历史前进的逻辑中前进、在时代发展的潮流中发展。"道路决定命运，旗帜决定方向。今天，我们比历史上任何时期都更接近、更有信心和能力实现中华民族伟大复兴的目标。然而，我们必须清醒地看到，像中国这样人口规模巨大的国家，实现现代化并非易事，任务之艰巨、困难之多、矛盾之复杂，世所罕见、史所罕见。当前，世界百年未有之大变局和世纪疫情交织叠加，各种安全挑战层出不穷，世界经济复苏步履维艰，全球发展遭遇严重挫折，使推进中国式现代化面临巨大挑战，也迎来巨大机遇。基于此，以中国化时代化的马克思主义为指导，坚持目标导向和问题导向相结合，以"现代化"为关键词，理顺社会主义现代化发展的历史经验、理论逻辑、实践问题、未来方向之间的关系，全方位、多角度解读中国式现代化从哪来、怎么走、何处去的问题，就具有重大而深远的意义。

中国人民大学作为中国共产党亲手创办的第一所新型正规大学，始终与党同呼吸、共命运，服务党和国家重大战略需要和决策是义不容辞的责任与义务。基于在哲学社会科学领域"独树一帜"的学科优势，我们凝聚了一批高水平哲学社会科学研究团队，以习近平新时代中国特色社会主义思想为指导，以中国式现代化的理论与实践为研究对象，组织策划了这套"中国式现代化研究丛书"。"丛书"旨在通过客观深入的解剖，为构建完善中国式现代化体系添砖加瓦，推动更高起点、更高水平、更高层次的改革开放和现代化体系建设，服务于释放更大规模、更加持久、更为广泛的制度红利，激活经济、社会、政治等各个方面良性发展的内生动力，在高质量发展的基础上，全面建成社会主义现代化强国、实现中华民族伟大复兴。"丛书"既从宏观上研究中国式现代化的历史逻辑、理论逻辑和实践逻辑，又从微观上研究中国各个领域的现代化问题；既深入研究关系中国式现代化和民族复兴的重大问题，又积极探索关系人类前途命运的重大问题；既继承弘扬中国改革开放和现代化进程中的基本经验，又准确判断中国式现代化的未来发展趋势；既对具有中国特色的国家治理体系和治理能力现代化进行深入总结，又对中国式现代化的未来方向和实现路径提出可行建议。

展望前路，我们要牢牢把握新时代新征程的使命任务，坚持和加强党的全面领导，坚持中国特色社会主义道路，坚持以人民为中心的发展思想，坚持深化改革开放，坚持发扬斗争精神，自信自强、守正创新，踔厉奋发、勇毅前行，以伟大的历史主动精神为全面建成社会主义现代化强国、实现中华民族伟大复兴作出新的更大贡献！

前　言

在中国共产党的领导下，按照我国社会主义现代化的既定战略，经过全体人民的共同努力和锐意进取，我国已经顺利完成了消灭绝对贫困的历史任务，如期全面建成了小康社会，开启了全面建设社会主义现代化国家的新征程，开始向第二个百年奋斗目标昂首迈进。在这个过程中，中国共产党人创造性地开辟出了中国式现代化道路。

中国式现代化具有自己鲜明的要求和特征。习近平深刻地指出，"我国现代化是人口规模巨大的现代化，是全体人民共同富裕的现代化，是物质文明和精神文明相协调的现代化，是人与自然和谐共生的现代化，是走和平发展道路的现代化"①。这五个方面是中国式现代化的重要内容和重要特征，是建设社会主义现代化强国必须坚持的方向，党的二十大进一步明确将上述五者作为中国式现代化的内容和特征。

建设人与自然和谐共生的现代化，是全面建设社会主义现代化国家的重要任务和重要方向，是中国式现代化的重要内容和重要特征。根据我国社会主要矛盾的变化，为了更好地满足人民群众的美好生活需要尤其是优

---

① 习近平. 把握新发展阶段，贯彻新发展理念，构建新发展格局. 求是，2021（9）.

美生态环境需要，党的十九大报告高瞻远瞩地提出："我们要建设的现代化是人与自然和谐共生的现代化，既要创造更多物质财富和精神财富以满足人民日益增长的美好生活需要，也要提供更多优质生态产品以满足人民日益增长的优美生态环境需要。"[①] 在此基础上，按照党的基本路线，党的十九大号召我们为把我国建设成为富强民主文明和谐美丽的社会主义现代化强国而奋斗。按照党的十九大精神，党的十九届五中全会通过的《中共中央关于制定国民经济和社会发展第十四个五年规划和二〇三五年远景目标的建议》进一步提出："深入实施可持续发展战略，完善生态文明领域统筹协调机制，构建生态文明体系，促进经济社会发展全面绿色转型，建设人与自然和谐共生的现代化。"[②] 在此基础上，《中华人民共和国国民经济和社会发展第十四个五年规划和2035年远景目标纲要》专门设立"推动绿色发展 促进人与自然和谐共生"一篇作为第十一篇，从"提升生态系统质量和稳定性""持续改善环境质量""加快发展方式绿色转型"三个方面系统部署了我国"十四五"时期的建设人与自然和谐共生现代化的任务[③]。党的二十大就建设人与自然和谐共生的现代化进一步做出了科学的战略部署。

党的二十大将促进人与自然和谐共生作为中国式现代化的本质要求之一。一般来讲，人与自然和谐共生就是指人与自然之间存在着一种共生、共存、共育、共荣的有机关系，是一个不可分割的生命共同体。这是客观

① 习近平. 决胜全面建成小康社会 夺取新时代中国特色社会主义伟大胜利：在中国共产党第十九次全国代表大会上的报告. 人民日报，2017-10-28（1）.
② 中共中央关于制定国民经济和社会发展第十四个五年规划和二〇三五年远景目标的建议. 人民日报，2020-11-04（1）.
③ 中华人民共和国国民经济和社会发展第十四个五年规划和2035年远景目标纲要. 人民日报，2021-03-13（1）.

存在的规律。按照人与自然和谐共生的客观规律去处理和协调人与自然关系及其相关事务，就向人类提出了"生态化"或"绿色化"的原则和要求。生态化（绿色化）不仅仅是按照生态学科学原理办事的问题，更为重要的是提出了遵循人与自然和谐共生规律的问题。现代化是指从农业社会（农业文明）向工业社会（工业文明）的历史转变过程，其基础和核心是工业化（产业化）。这是社会发展不可跨越的重要阶段。因此，建设人与自然和谐共生的现代化，不仅要求实现生态化和现代化的兼容和相融，而且要求实现"生态化的现代化"和"现代化的生态化"的统一。这样，才能确保现代化的永续性。

按照中国特色社会主义道路，中国式现代化创造了人类文明新形态。习近平指出："中国特色社会主义是党和人民历经千辛万苦、付出巨大代价取得的根本成就，是实现中华民族伟大复兴的正确道路。我们坚持和发展中国特色社会主义，推动物质文明、政治文明、精神文明、社会文明、生态文明协调发展，创造了中国式现代化新道路，创造了人类文明新形态。"① 随着全面建设社会主义现代化国家新征程的推进，我们必将进一步完善人类文明新形态。随着人与自然和谐共生现代化的推进，我们必将进一步完善生态文明。这不仅对于中华文明的伟大复兴具有重大的意义，而且对于世界文明的永续发展具有重大的价值。在这个意义上，建设人与自然和谐共生的现代化是人类文明新形态的重要构件和重要方向。

一般来讲，生态文明是人与自然和谐共生所达到的程度和水平，是人类实现人与自然和谐共生所取得的积极进步成果的总和，是人化自然和人

---

① 习近平．在庆祝中国共产党成立 100 周年大会上的讲话．人民日报，2021－07－02（2）．

工自然的积极进步成果的总和。生态文明是建设人与自然和谐共生现代化的目标和理想，建设人与自然和谐共生现代化是建设生态文明的手段和路径。面向未来，我们既要通过遵循生态文明的理念、原则和目标，来建设人与自然和谐共生的现代化；也要通过建设人与自然和谐共生的现代化，来建设高度发达的社会主义生态文明。

在全面建设社会主义现代化国家的新发展阶段，我们不仅要科学协调生态化和现代化的关系，建设人与自然和谐共生的现代化，而且要使其在我国发展的方针政策、战略战术、政策举措、工作部署中得到体现，推动全党全国各族人民共同为之努力。按照以人民为中心的发展思想，我们要始终坚持人与自然和谐共生，协同推进人民富裕、国家强盛、中国美丽，一体化推进社会主义生态文明建设和社会主义现代化建设，最终要向着自然主义和人道主义相统一的共产主义自由王国迈进。

本书为国家社会科学基金项目"建设人与自然和谐共生现代化研究"（21BKS053）阶段性成果，同时，得到中国人民大学的资助，有幸列入"中国式现代化研究丛书"出版。本书的写作和出版得到中国人民大学校领导、科研处、出版社的大力支持，一些同事提出了修改完善意见，在此深表谢意！

本书第五、六、十章由李娜撰写，其余章节由张云飞撰写，最后由张云飞统稿。不妥之处，请广大读者批评指正！

目　录

第一章

建设人与自然和谐共生现代化的发展坐标

　　建设人与自然和谐共生的现代化是全面建设社会主义现代化国家的重要内容和重要方向。只有准确把握全面现代化的内涵，明确人与自然和谐共生现代化的发展方位，我们才能建设好人与自然和谐共生的现代化。

中国式现代化探索中的生态文明建设方略

　　党的十八大以来，以习近平同志为核心的党中央进一步明确和完善了全面现代化的内涵和要求，突出了人与自然和谐共生现代化在全面现代化中的重要位置。

　　作为社会发展一个不可跨越的阶段，现代化首先在西方社会发生和完成。但由于以追求剩余价值为价值轴心，西方现代化成为一种"局部的"现代化。二战后，受机械发展观的影响，新独立民族国家在启动自身现代化的时候，普遍重蹈了片面发展的覆辙。对此，法国学者弗朗索瓦·佩鲁在《新发展观》一书中提出了"整体的"、"综合的"和"内生的"发展观①。这是现代化理论和模式的重要转型。

　　在批判资本逻辑中，马克思、恩格斯提出了"社会有机体"的概念，

---

　　① 佩鲁. 新发展观. 张宁，丰子义，译. 北京：华夏出版社，1987：180.

并系统阐明了社会全面进步和人的全面发展的思想。在推进社会主义现代化过程中，以马克思主义为指导思想的苏联和中国等国更为重视发展的全面性。1964年，我国正式确立了覆盖农业、工业、国防、科技领域的"四个现代化"目标。改革开放以来，我们党将全面发展和全面进步作为社会主义社会和中国特色社会主义事业的内在规定和基本要求。"党的十八大以来，我们党形成并积极推进经济建设、政治建设、文化建设、社会建设、生态文明建设五位一体的总体布局，形成并积极推进全面建成小康社会、全面深化改革、全面依法治国、全面从严治党的战略布局。"[①] 按照"五位一体"总体布局，现代化建设必须实现经济建设、政治建设、文化建设、社会建设、生态文明建设的全面提升。按照"四个全面"战略布局，全面深化改革必须从经济、政治、文化、社会、生态等方面实现国家治理体系和治理能力的现代化。按照党的十九大提出的"两步走"战略，本世纪中叶要把我国建设成为富强民主文明和谐美丽的社会主义现代化强国。

可见，全面现代化是实现物质文明（经济现代化）、政治文明（政治现代化）、精神文明（文化现代化）、社会文明（社会现代化）、生态文明的全面提升和促进人的全面发展的现代化。建设人与自然和谐共生的现代化是这个探索中形成的现代化战略，是生态文明建设的现实路径。

---

① 习近平. 在庆祝中国共产党成立95周年大会上的讲话. 人民日报，2016 - 07 - 02（2）.

┃ 第二节 ┃
中国式现代化的系统构成及其生态领域

从现代化的内容或领域来看，中国式现代化是全面发展的现代化。建设人与自然和谐共生的现代化是全面现代化的重要内容和发展方向。

一、以物质文明为目标导向的经济现代化

在经济领域，我们要通过经济治理现代化推动经济现代化，努力将我国建设成为一个富强的现代化国家，创造高度发达的社会主义物质文明。

从 18 世纪 60 年代开始，英国率先启动了工业化的历史进程，从农业社会转型为工业社会。工业化是现代化的基础和核心。为了适应工业化的发展，西方社会启动了市场化，实现了从自然经济向商品经济的转型。市场化是推动工业化的适宜体制。这样，工业化和市场化共同构成了经济现代化的主要内容。由于中国现代化与西方现代化具有不同的环境和条件，因此，中国必须走出自己的现代化道路。

在经济发展上，西方社会已经在农业产业化的基础上完成了工业化和城市化的任务，进入到了信息化时代。面对中西方之间的发展差距和西方现代化"先污染后治理"的教训，中国必须在坚持社会主义工业化道路的

前提下，实现跨越式发展，以信息化带动工业化、以工业化带动信息化，走出一条科技含量高、经济效益好、资源消耗低、环境污染少、安全条件有保障、人力资源优势能够充分发挥的新型工业化道路，并协同推进新型工业化、信息化、城镇化、农业现代化和绿色化，以可持续的方式赶上西方现代化的步伐。

在经济治理上，西方社会已经建立了一套相对完善的市场经济体制，促进了资源的优化配置。但不可忽视的是，市场经济存在失灵的风险，为此，中国需要不断深化经济体制改革，建立并完善社会主义市场经济体制。当前，通过有机结合有效市场和有为政府，我们已经探索形成了新型举国体制。而正是得益于该体制的优势作用，我们顺利取得了脱贫攻坚战的全面胜利和新冠肺炎疫情防控的战略成果，并向前推进了现代化的历史进程。当然，在竞争性领域，要充分发挥市场机制的决定性作用，避免行政力量对公平竞争秩序的干涉和干扰。

今后，在继续坚持以经济建设为中心的过程中，必须努力提高我国财富的总量水平和人均水平，统筹推进国家强盛、人民富裕，真正实现藏富于民。

二、以政治文明为目标导向的政治现代化

在政治领域，我们要通过政治治理现代化推动政治现代化，努力将我国建设成为一个民主的现代化国家，创造高度发达的社会主义政治文明。

1789 年，巴黎人民攻占巴士底狱，资产阶级政治革命爆发，法国开启了现代化的进程。进而，西方社会通过建立和完善资产阶级民主制度和资产阶级法律体系，巩固了资本主义现代化的政治基础。同样，没有民主就

没有社会主义和社会主义现代化。以民主化和法治化为主要内容的政治现代化是现代化的重要内容和政治保障。当然，在这个问题上，不存在所谓"普世价值"。对中国来说，建设社会主义政治文明，最为根本的是要坚持党的领导、人民当家作主、依法治国的有机统一。

在坚持党的全面领导方面，中国共产党始终代表中国最广大人民的根本利益，我们必须坚持党的全面领导。当然，我们党也要探索实现"政党现代化"，切实提高党的科学执政、民主执政、依法执政水平，并通过全面从严治党巩固和强化党在现代化中的领导地位。

在推动民主政治建设方面，我们形成和完善了人民当家作主的制度体系。一般来说，西方民主集中体现为选举民主，有一定的局限性，而社会主义民主则强调全过程民主，是真正意义上的人民民主。通过制度安排和法治途径，我们在选举、协商、决策、管理、监督等全过程实现了民主。此外，我们党还将群众观点和群众路线创造性地运用到企业管理中，开民主管理之先河。

在促进法治建设方面，我们始终坚持社会主义法治理念，坚持全面依法治国，大力建设社会主义法治国家。我们坚持用法治原则和方式实现经济发展、政治清明、文化昌盛、社会公正、生态良好，促成了从管理到治理的转变，并在此基础上不断推进国家治理体系和治理能力现代化。

在党的领导下，坚持法治保障和发挥人民群众的主体作用，仍然是今后政治文明建设的重要课题。

三、以精神文明为目标导向的文化现代化

在文化领域，我们要通过文化治理现代化推动文化现代化，努力将我

国建设成为一个文明的现代化国家，创造高度发达的社会主义精神文明。

发端于 18 世纪 70 年代的文学狂飙运动及后来萌生的古典哲学等思想文化领域的革命成果，为德国开启现代化奠定了重要的思想文化基础。此前文艺复兴和启蒙运动树立起来的人文主义和理性主义的利器，也早已为资本主义国家扫清现代化的文化障碍。以人道化和理性化为主要内容的文化现代化是现代化的重要内容和文化导引。这些内容也构成了所谓现代性的基本内涵。

我们党十分重视社会主义先进文化建设，致力于解决物质文明和精神文明一手硬、一手软的问题。社会主义先进文化代表着文化现代化的发展方向。从性质上来看，它是民族的科学的大众的文化，其中科学的文化包含和超越了理性主义，大众的文化包含和超越了人文主义。从形态上来看，它是面向现代化、面向世界、面向未来的文化。从时间上来看，我们要坚持综合创新，坚持中华优秀传统文化、革命文化、社会主义先进文化的辩证统一。从空间上来看，社会主义先进文化秉持交流互鉴的理念，坚持中华文化和西方文化的融合贯通，坚持倡导全人类共同价值。

为了生产和提供更多优质的精神产品，必须坚持马克思主义在意识形态领域的指导地位，坚持用马克思主义引领社会思潮；必须坚持以社会主义核心价值观引领文化建设，坚持以社会主义核心价值体系提升社会主义先进文化；必须兼顾文化的事业属性和产业属性，大力发展文化事业和文化产业；必须坚持从德治和法治相统一的高度，推进文化建设和文化治理。只有实现社会主义先进文化的大发展和大繁荣，才能满足人民群众的文化需要，保障人民群众的文化权益。

今后，我们仍然要坚持物质现代化和文化现代化的平衡，大力推动文化现代化。这是中国式现代化的重要特征。

四、以社会文明为目标导向的社会现代化

在社会领域，我们要通过社会治理现代化推动社会现代化，努力将我国建设成为一个和谐的现代化国家，创造高度发达的社会主义社会文明。

在建成市民社会的基础上，西方完成了社会现代化的目标。而随着市场经济的建立和完善，政府、市场、社会的关系出现了分化。在三者中，作为国家代表的政府以强制方式谋求公共利益，作为市场代表的企业以竞争方式谋求私人利益，作为社会代表的社会团体以志愿、互助等方式谋求不特定多数人的利益即共同利益。这样一来，以自治、志愿、互助等为主要内容的社会现代化成为现代化的重要内容和社会条件。

社会和谐是建设富强民主文明和谐美丽的社会主义现代化强国的内在要求。在深刻把握社会主要矛盾和社会结构变化的基础上，我们党提出了构建社会主义和谐社会的战略构想，切实有效解决经济建设和社会建设一条腿长、一条腿短的问题。奋进全面建设社会主义现代化国家新征程，能否有效实现共同富裕和共享发展，能否通过推动教育、文化、卫生、体育、科技等社会事业现代化来实现社会公平正义，能否通过健全完善社会保障制度来筑牢社会安全防线，不仅是社会建设的难题，而且是关系社会主义优越性的重大政治问题。

另外，在社会治理领域，我们建立和完善了党委领导、政府负责、民主协商、社会协同、公众参与、法治保障、科技支撑的社会治理体系和共有共建共治共享的社会治理制度。今后，如何在加强党委领导的前提下进一步激发社会活力，如何通过强化"共有"的经济基础来提高社会认同、

增进社会团结，如何更好地满足人民美好生活需要、更大幅度地将改革发展稳定统一起来，是我国社会治理现代化的重要课题。

今后，我们必须围绕共同富裕和共享发展来推动社会治理和社会建设。其中，全面推进乡村振兴、加快农业农村现代化是重中之重。

五、以生态文明为目标导向的人与自然和谐共生现代化

在生态环境领域，我们要通过生态治理现代化，努力将我国建设成为一个美丽的现代化国家，创造高度发达的社会主义生态文明。

受资本逐利本性的影响，西方现代化具有高消耗和高污染的特征。20世纪80年代，西方学者提出了生态现代化的理论和模式。在不改变资本主义制度的框架下，生态现代化理论试图在生态维度上重建现代性，实现生态化和现代化的双赢。作为后发国家，我国启动现代化的时候，就面临着由西方国家造成的资源短缺、能源耗竭、环境污染、生态恶化等问题，这在客观上决定了中国现代化必须是人与自然和谐共生的现代化。

建设人与自然和谐共生的现代化具有多重含义和要求。在狭义上，就是要实现生态环境领域的现代化。我们坚持在节约资源和能源、保护环境和生态、节能减排降碳的基础上，通过改革生态环境监管体制，实现绿色发展。现在，我国生态文明建设进入到以降碳为重点战略方向，推动降碳、减污、扩绿、增长协同增效的发展阶段。这是我国生态环境领域的现代化的当下任务。同时，我们坚持通过生态治理现代化促进生态环境领域的现代化。尤其是，通过制定和实施"党政同责、一岗双责"、中央环保督察制度、建设生态环境保护铁军等党内制度和党内法规的方式，促使我国生态环境保护和生态文明建设发生了历史性、转折性、全局性的变化。

在广义上，建设人与自然和谐共生的现代化要求将生态化作为现代化的前提、原则和目标。生态文明是人与自然和谐共生现代化的最终目标。生态文明不是要取代和超越工业文明，而是要按照生态化原则系统集成农业文明、工业文明、信息文明的成果，推动人类文明持续向着人与自然和谐共生的路径演进。实现生态化、现代化、信息化的统一，仍然是今后生态文明建设的重要课题。

今天，尽管存在着诸多难题，但已经到了将绿色 GDP 和绿色 GNP 纳入现代化指标体系中的时候了。我们要围绕着这一点推动生态治理现代化，倒逼加快人与自然和谐共生现代化。

总之，建设人与自然和谐共生的现代化既是全面现代化的组成部分和重要特征，又是全面现代化的发展方向和未来趋势。

▍第三节▍
中国式现代化价值追求上的生态化保障

现代化是物的现代化和人的现代化的统一。长期以来，"我们既重视物的发展即社会生产力的发展，又重视人的发展即全民族文明素质的提高"[1]。

----

① 胡锦涛. 胡锦涛文选：第 3 卷. 北京：人民出版社，2016：163.

但是，我们不能将人的现代化仅仅归结为国民性改造或个体心理变革的问题，必须上升到人的全面发展的高度。建设人与自然和谐共生的现代化最终同样是为了实现人的全面发展。

尽管举起了人文主义旗帜，但西方现代化是一种见物不见人的现代化，造成了人的片面发展。法兰克福学派的马尔库塞称之为"单向度的人"。二战后，一些民族国家试图按照完全西化方式实现现代化，却遭遇滑铁卢。美国社会学家英格尔斯认为，其所以如此，就在于这些国家的人民缺乏现代化所需要的心理基础，尚未从心理、思想、态度和行为方式上实现向现代化的转变。由此，提出了"人的现代化"的问题。其实，心理基础是经济关系的反映和积淀。在克服机械发展观弊端的基础上，我们党提出，促进人的全面发展是建设社会主义新社会的本质要求。因此，社会主义现代化必须按照人的全面发展的要求和目标推进人的现代化。

我们要通过社会的全面进步来实现人的全面发展。我们坚持通过物质文明、政治文明、精神文明、社会文明、生态文明的全面提升，坚持通过实现人与自然、人与社会、人与自身等关系的全面和谐发展，来促进人的全面发展。我们的现代化既坚持创造更多物质财富和精神财富来满足人民群众日益增长的美好生活需要，也坚持提供更多优质生态产品来满足人民群众日益增长的优美生态环境需要。这样，人的需要才能得到全面满足，人的利益才能得到全面实现，人的权益才能得到全面保障，人的素质和能力才能得到全面提升。显然，离开人与自然和谐共生，人的发展就是片面的。离开人的全面发展，人与自然和谐共生就是一种单纯回归"荒野"的浪漫主义和复古主义。人的全面发展所要求的人与自然的和谐共生，只能通过建设人与自然和谐共生的现代化来实现。

今后，政府公共财政投入必须从竞争性领域完全退出，切实加大对民生福祉领域的投入，努力提高其使用效率，坚持惠及全体。对生态文明的投资，其实就是对人的发展的投资。

总之，中国式现代化是全面的现代化。全面现代化就是通过社会的全面繁荣和全面进步来促进和实现人的全面发展的现代化。人与自然和谐共生的现代化只是全面现代化的一个重要方面。因此，我们不能脱离全面现代化去建设人与自然和谐共生的现代化，否则，人与自然和谐共生的现代化难以获得全面系统的社会支撑。当然，离开人与自然和谐共生的现代化，全面现代化难以成为全面的、协调的、持续的现代化。全面现代化必须以生态化为发展方向，同时，实现人与自然和谐共生的现代化是人的全面发展的内在要求。这就是建设人与自然和谐共生现代化的发展方位。

第二章

建设人与自然和谐共生现代化的文明坐标

建设人与自然和谐共生的现代化的目标，就是要创造高度发达的社会主义生态文明。在破坏旧世界和建设新世界的伟大斗争中，中国共产党坚持和发展中国特色社会主义，创造了中国式现代化新道路，创造了人类文明新形态。生态文明既是人类文明新形态的重要内容，又是人类文明新形态的发展方向。我们建设人与自然和谐共生的现代化就是要建设发达的生态文明。只有明确生态文明在人类文明新形态中的方位，才能建设好人与自然和谐共生的现代化。只有实现人与自然和谐共生的现代化，才能建设好生态文明。

｜ 第一节 ｜
中国特色社会主义的文明论意义

文明至少具有两方面含义。从社会形态更替角度来看，它是指继蒙昧和野蛮之后的社会发展阶段，主要指阶级社会。马克思在《人类学笔记》、恩格斯在《家庭、私有制和国家的起源》中，将阶级社会称为"文明时代"。从社会进步成就角度来看，它是指人类一切社会实践活动所取得的积极进步成果的总和。恩格斯指出，"文明是实践的事情，是社会的素质"[①]。

[①] 马克思，恩格斯 . 马克思恩格斯文集：第 1 卷 . 北京：人民出版社，2009：97.

这就指明了文明的实践基础和社会表现。在现实中，文明的两方面含义存在交叉和重叠的情况，但人们往往强调的是后一方面含义。因此，我们始终不能离开"实践的事情"和"社会的素质"来看待文明问题。

在马克思看来，资本具有伟大的文明创造作用。由于以追求剩余价值为中心，这种创造作用充满了内在的一系列紧张。一方面，促进社会生产力以前所未有的速度向前发展，创造了大量的物质财富；另一方面，在形成经济危机的过程中，造成了对人与自然的双重剥夺。同时，资本具有对外扩张的本性。在开辟世界历史的过程中，尽管触动了落后国家的社会经济基础，促进了交往的普遍化，但也给落后国家的人民带来了刀与火的屈辱、血与泪的代价。鸦片战争以来的中国历史充分说明了这一点。显然，"文明时代的基础是一个阶级对另一个阶级的剥削"①，所以，其全部发展都是在经常的矛盾中进行。只有消灭阶级和阶级社会，人类文明才能正常发展。

在为人民谋幸福、为民族谋复兴、为世界谋大同、为人类谋解放的伟大革命实践中，中国共产党坚持马克思主义基本原理与中国实际和实践的具体的历史的结合，领导中国人民推翻了帝国主义、封建主义、官僚资本主义三座大山，建立了社会主义新中国，为文明发展奠定了科学的社会制度基础。社会主义改造任务顺利完成之后，在科学而艰辛探索的基础上，中国共产党终于开辟出了中国特色社会主义道路。中国特色社会主义道路首先是社会主义道路，而非其他道路，更不是"西化的"资本主义道路。我们党始终坚持科学社会主义基本原则和社会主义本质，始终坚持解放和

---

① 马克思，恩格斯．马克思恩格斯文集：第4卷．北京：人民出版社，2009：196．

发展生产力、消灭剥削和消除两极分化、实现共享发展和共同富裕。我们的改革开放始终反对走"邪路"。同时，中国特色社会主义道路是中国共产党带领中国人民"独创的"道路，既非"传统的"道路，更非"外来的"道路。我们党始终坚持马克思主义基本原理与中国实际的结合，始终坚持科学社会主义原则与中国实践的结合。我们的改革开放始终反对走"老路"，始终反对"邯郸学步"。中国特色社会主义道路代表着中国发展的"人间正道"。

从其内容和要求来看，坚持中国特色社会主义道路，就是始终坚持中国共产党的领导，坚持立足社会主义初级阶段的基本国情，坚持以社会主义经济建设为中心，坚持四项基本原则，坚持改革开放，坚持解放和发展社会生产力，坚持建设社会主义市场经济、社会主义民主政治、社会主义先进文化、社会主义和谐社会、社会主义生态文明，坚持促进人的全面发展，坚持共享发展和共同富裕，努力将我国建设成为富强民主文明和谐美丽的社会主义现代化强国。

中国特色社会主义道路与中国特色社会主义理论、中国特色社会主义制度、中国特色社会主义文化是不可分割的整体。在这个有机整体中，中国特色社会主义不仅具有科学发展论的意义，创造了中国式现代化新道路，拓展了发展中国家走向现代化的途径；而且具有科学文明论的意义，创造了人类文明新形态，指明了中华文明伟大复兴的科学方向和世界文明持续发展的科学走向。中国特色社会主义是文明新形态的制度依托和道路规定。建设人与自然和谐共生的现代化所积淀而成的生态文明，是中国特色社会主义道路的重要规定。

人类文明新形态要素的系统提升

　　文明是由诸多要素构成的整体。从社会实践来看，在自然生产力的基础上，物质生产、精神生产、人自身的生产、社会关系的生产等都是生产的重要形式。毛泽东将生产实践、科学实验、阶级斗争视为社会实践的基本形式。从社会系统的构成来看，人类社会不是坚实的结晶体而是过程的集合体，即社会有机体或社会系统。在自然物质条件的前提下，社会有机体是由物质生活、政治生活、精神生活、社会生活构成的复杂系统。在总体上，实践总是社会系统中的活动，社会有机体总是以实践为基础和中介的系统。这样，社会实践在社会系统各个构成领域的展开及其积极进步的成果，必然积淀形成由诸多文明要素构成的文明系统。因此，马克思、恩格斯将生产力视为文明的果实，将政治文明视为与集权制相对的范畴，将哲学视为文明的活的灵魂，将普遍交往视为社会生活的重要发展形式，将实现人道主义和自然主义的统一视为文明发展的重要要求和方向，等等。

　　在资本主义社会中，为了追求剩余价值，商品、货币、资本成为支配一切的力量，这样，就导致资本主义社会将自身简化为一个"单面社会"，集中表现为物欲横流，具体表现为各种文明要素的不协调、不全面、不匹配。对此，马克思引用西斯蒙第的话指出："我反对的不是机器，不是发明，不是文明，而是**现代社会组织**。"① 在消灭资本主义的基础上，实现社会的全面发展，才能实现文明的全面进步。这就是社会主义文明发展的基本方向。

在科学认识和把握人类社会和人类文明发展规律的基础上，中国共产党创造性地提出，社会主义社会是全面发展、全面进步的社会，中国特色社会主义事业是全面发展、全面进步的事业。在此基础上，我们党深化了对文明系统之全面构成的科学认识。改革开放初期，在实现工作重心转移的过程中，邓小平理论要求我们一手抓物质文明建设，一手抓社会主义精神文明建设。随着中国特色社会主义事业尤其是社会主义民主的发展，"三个代表"重要思想提出了建设社会主义政治文明的科学理念，将社会主义政治文明作为社会主义现代化建设的重要目标。社会主义政治文明要求把党的领导、人民当家作主、依法治国统一起来。在全面建设小康社会中，科学发展观提出了构建社会主义和谐社会的科学构想，要求大力加强社会主义社会建设。在科学认识和把握人与自然和谐共生规律的基础上，党的十七大创造性地提出了生态文明的科学理念，党的十八大将生态文明建设纳入中国特色社会主义总体布局中，形成了经济建设、政治建设、文化建设、社会建设、生态文明建设"五位一体"总体布局。在此基础上，党的十九大又提出了社会文明的科学理念，要求全面提升物质文明、政治文明、精神文明、社会文明、生态文明。社会文明在广义上是指整个社会的文明发展，在狭义上是指社会建设领域方面的积极进步的成果。提出

① 马克思，恩格斯．马克思恩格斯全集：第 42 卷．北京：人民出版社，1979：247．

"五个文明"的全面提升，是习近平新时代中国特色社会主义思想的重要贡献。

根据上述理论创新成果，《中华人民共和国宪法》明确提出，"推动物质文明、政治文明、精神文明、社会文明、生态文明协调发展，把我国建设成为富强民主文明和谐美丽的社会主义现代化强国"①。从改革开放初期的"两个文明"到"三位一体""四位一体"，再到今天的"五位一体"，这既是重大的发展理论和实践的创新，又是重大的文明理论和实践的创新。实现"五大文明"的全面提升，明确和完善了文明新形态的系统构成。

因此，我们应该将"五位一体"总体布局和十九届五中全会提出的"构建生态文明体系"的要求结合起来，完善统筹推进"五大建设"的机制。

第一，完善统筹推进经济建设和生态文明建设的机制。按照"绿水青山就是金山银山"的科学理念，我们要将产业的生态化和生态的产业化统一起来，大力发展生态经济，大力构建生态经济体系，统筹推进物质文明建设和生态文明建设。

第二，完善统筹推进政治建设和生态文明建设的机制。在习近平生态文明思想的指导下，按照党章关于"中国共产党领导人民建设社会主义生态文明"的原则和规定，我们要加强党对生态文明建设的领导，切实提高党领导生态文明建设的能力和水平。我们要坚持"党政同责、一岗双责"的原则和要求，建立和完善以改善生态环境质量为核心的目标责任体系。

---

① 中华人民共和国宪法．人民日报，2018－03－22（1）．

我们要切实推进生态文明领域国家治理体系和治理能力现代化，建立和完善以治理体系和治理能力现代化为保障的生态文明制度体系。最终，我们要统筹推进政治文明建设和生态文明建设。

第三，完善统筹推进文化建设和生态文明建设的机制。我们要坚持马克思主义关于人与自然关系的思想，认真贯彻和大力落实习近平生态文明思想，坚持"不忘本来、吸收外来、面向未来"的原则，大力发展生态文化，将生态文明纳入社会主流价值观当中、纳入社会主义核心价值体系和核心价值观当中，大力推动生态文明领域的宣传教育工作，加快建立健全以生态价值观念为准则的生态文化体系，大力促进精神文明建设和生态文明建设的协调发展。

第四，完善统筹推进社会建设和生态文明建设的机制。我们要将党委领导、政府负责、民主协商、社会协同、公众参与、法治保障、科技支撑的社会治理体系引入生态文明治理领域当中，将党的群众路线运用到生态文明建设当中，把建设美丽中国转化为全体人民的自觉行动。同时，我们要促进生态社区建设，促进生活方式和消费方式的绿色化。最终，我们要统筹推进社会文明建设和生态文明建设。

总之，人类文明新形态表明，文明系统是由物质文明、政治文明、精神文明、社会文明、生态文明构成的整体。建设人与自然和谐共生的现代化是建设生态文明的现实路径。生态文明是人类文明系统可持续的支撑。

| 第三节 |

人类文明新形态演进的永续方向

文明演进呈现为一个持续进步的过程。其各个阶段的划分，不在于生产出了什么，而在于通过什么方式实现了发展。马克思指出，手推磨产生的是封建主为首的社会，蒸汽磨产生的是资本家为主的社会。以美国人类学家摩尔根等人的成果为依据，恩格斯指出，"蒙昧时代是以获取现成的天然产物为主的时期；人工产品主要是用做获取天然产物的辅助工具。野蛮时代是学会畜牧和农耕的时期，是学会靠人的活动来增加天然产物生产的方法的时期。文明时代是学会对天然产物进一步加工的时期，是真正的工业和艺术的时期"[①]。这样，马克思、恩格斯就确立了"技术社会形态"的理论，为科学划分文明演进提供了客观标准。"技术社会形态"是唯物史观社会形态理论的重要维度和重要内容。

按照技术社会形态的发展程度，习近平指出："纵观世界文明史，人类先后经历了农业革命、工业革命、信息革命。"[②] 换言之，农业文明、工业文明、信息文明是文明演进的主要阶段。农业文明以手工工具生产为标

[①] 马克思，恩格斯. 马克思恩格斯文集：第 4 卷. 北京：人民出版社，2009：38.

[②] 习近平. 在第二届世界互联网大会开幕式上的讲话. 人民日报，2015 - 12 - 17（2）.

志，工业文明以大机器生产为标志，信息文明以智能工具生产为标志。今天，西方社会已经在农业文明和工业文明高度发展的基础上进入信息文明发展的阶段。尽管社会主义中国的经济总量已经跃居世界第二位，但从基本国情来看，仍然处于社会主义初级阶段。从生产力水平来看，社会主义初级阶段就是从落后的农业国向先进的社会主义工业国的转变过程。现在，在农业的产业化任务尚未完全完成、工业化已经发展到中后期的阶段的同时，我国已经开始了信息化的发展。这就是我国目前所处的发展方位，这就是我国与西方的发展差距。

从立足发展方位和缩小发展差距出发，我国现代化必须走出一条与西方不同的发展道路。西方现代化是一个"串联式"过程，工业化、城市化、农业现代化、信息化依序发展，发展到现今水平用了二百多年时间，发展水平领先于世界。将我国的发展水平和世界的发展经验结合起来，我国现代化必须采用"并联式"过程，协同推进新型工业化、信息化、城镇化、农业现代化（"新四化"）。这样，才能化解各种"成长的烦恼"，把"失去的二百年"补回来。这就是要在坚持社会主义工业化道路的基础上，坚持走新型工业化道路，将农业文明、工业文明、信息文明的先进成果集成起来以加快推动实现现代化，实现从传统文明向现代文明、从现代文明向未来文明的演进。

西方现代化走过了一条"先污染后治理"的道路。现在，尽管晚期资本主义呈现出了"生态资本主义"的趋势，但由于未能从根本上解决资本和自然的内在矛盾，只是单纯地依靠市场机制和技术手段对付生态危机，因此，生态资本主义仍然是不可持续的。海湾战争和伊拉克战争等石油战争进一步暴露出了其生态帝国主义的本质。鉴于此，从实现人与自然和谐共生的高度出发，党中央和国务院提出，"协同推进新型工业化、信息化、城镇化、农业现代化和绿色化"①。协同推进"新四化"和绿色化，就是要将生态文明理念全面地、系统地融入"新四化"当中，实现农业文明、工业文明、信息文明和生态文明的系统集成，这样，才能保证"新四化"、现代化、文明演进的持续性。

显然，退回到农业文明时代的生态文明，只能重蹈鸦片战争的覆辙。超越工业文明的生态文明，不可能成为人类文明发展的新形态。恩格斯指出，"现代工人，即无产者，是伟大工业革命的产物，正是这个革命近百年来在所有文明国家中彻底变革了整个生产方式"②。超越工业文明，即意味着"告别无产阶级"。只有实现"新四化"和绿色化相统一的文明，才能开启文明新形态。这样，就明确了文明新形态的演进方向和演进条件。

在开启全面建设社会主义现代化国家新征程的时候，我们必须坚持协同推进"新四化"和绿色化。

第一，建立和完善协同推进新型工业化和绿色化的机制。对于仍然处于社会主义初级阶段的中国来说，在坚持社会主义工业化道路的前提下，必须坚持走新型工业化道路。目前，我们要学习和借鉴西方国家"工业4.0"的经验，将绿色化作为建设制造强国的原则和方向，作为发展实体经济的原则和方向，将生态文明的理念、原则和目标融入设计、制造当中，实行全生命周期管理，统筹制造强国和美丽中国建设，努力将我国建设成为绿色制造强国。

第二，建立和完善协同推进信息化和绿色化的机制。信息化是工业化

---

① 中共中央国务院关于加快推进生态文明建设的意见. 人民日报，2015 - 05 - 06（1）.
② 马克思，恩格斯. 马克思恩格斯全集：第21卷. 2版. 北京：人民出版社，2003：102 - 103.

之后重要的社会经济发展趋势。习近平指出："我国线上经济全球领先，在这次疫情防控中发挥了积极作用，线上办公、线上购物、线上教育、线上医疗蓬勃发展并同线下经济深度交融。"① 在原则上，线上经济有助于减少对资源能源的依赖，有助于降低环境污染。当然，信息化存在引发新的生态环境问题的可能性。因此，我们要将绿色化作为信息化的原则和方向，将生态文明的理念融入线上经济、知识经济当中，统筹推进网络强国、数字中国和美丽中国建设，努力将我国建设成为绿色智慧制造大国和强国。

第三，建立和完善协同推进城镇化和绿色化的机制。城市化和工业化是社会发展过程中相辅相成的两个方面，但是，西方盲目扩张的城市化造成了一系列严重的社会经济问题和生态环境问题，我国"摊大饼"式的城市化也带来了诸多问题。因此，从我国的实际出发，我国城市化选择了城镇化的道路。绿色化是中国特色城镇化的重要原则和方向。我们要坚持"人民城市"的科学理念，合理划定城市的生产空间、生活空间、生态空间及其边界，统筹城市自然资源遗产和历史文化遗产的保护，加强城市绿化、垃圾回收等方面的工作，发展绿色建筑、绿色交通，建设包括海绵城市、韧性城市、绿色城市等方向在内的生态城市，推动市民参与生态社区和生态城市建设。同时，要推进以县城为重要载体的城镇化建设。这样，可以有效避免盲目城市化带来的生态环境风险。

第四，建立和完善协同推进农业现代化和绿色化的机制。农业是国民经济的基础，农业现代化直接关系着现代化的成败。我们要高度警惕"石油农业"（资本主义农业现代化）带来的各种社会经济和生态环境弊端，将绿色化作为农业现代化的原则和方向。我们要坚持农村土地集体所有制

---

① 习近平．国家中长期经济社会发展战略若干重大问题．求是，2020（21）．

的制度，防止农村土地"三权分置"改革中可能导致的集体土地资产的流失和贬值，确保国家土地资源安全，严守 18 亿亩耕地红线。我们要光大传统有机农业的经验，加大力度治理发展"石油农业"带来的生态环境弊端，运用现代科学技术大力发展生态农业。我们要统筹和优化农业内部结构，促进种养加协调发展，促进农林牧副渔协调发展。我们要巩固生态扶贫和生态脱贫的成果，大力发展庭院经济，大力发展城市观光农业和休闲农业，大力推动特色农业的可持续发展。我们要大力推进农业科技创新及其产业化，同时要严格防范生物技术在农业中的应用可能带来的各种社会经济风险和生态环境风险，确保国家粮食安全和人民食品安全，确保中华民族永续发展。

总之，只有形成和完善协同推进"新四化"和绿色化的机制，我们才能确保全面建设社会主义现代化国家新征程的永续化方向。建设人与自然和谐共生的现代化就是实现绿色化的过程。只有坚持绿色化方向，才能保证文明形态的可持续演进。

第四节
人类文明新形态价值取向的人民性

任何文明的发展最后都必须集中和体现在人的全面发展上。当然，这里的人是具体的历史的人，即处于一定社会关系当中的、从事一定社会实践活动的人。在马克思、恩格斯那里，由于人类社会仍然处于资产阶级社会当中，被剥夺生产资料的、除了自己的劳动力之外一无所有的工人阶级以及劳动人民是从事物质生产实践的主体，代表着先进生产力的发展方向，因此，他们始终主张通过阶级解放来实现人的解放和人的发展。从价值取向上来看，过去的运动是由少数人进行的为了少数人的利益的运动，无产阶级运动则是由多数人进行的为了多数人利益的运动。从价值理想来看，在物质生产力高度发展、人们精神境界极大提高的基础上，实现人的全面发展，是马克思主义崇高的社会理想。在现实中，人民群众即由工人阶级和劳动人民等构成的社会主体是一切文明要素的创造者，是文明演进的推动者。这样，文明创造和文明演进必然会造就出"具有高度文明的人"①。这就是具有全面的属性、全面的才能、全面的联系、全面的创造和全面的享受的人，即全面发展的人。这样的人就是在人与自然、人与社会、人与自身等关系中实现和谐发展的人。

在西方社会中，在资本逻辑的支配下，人日益成为"单面的人"。卓别林的《摩登时代》就是真实写照。晚期资本主义试图通过调节社会矛盾来缓解这种情况。例如，通过广告文化刺激高消费，似乎解决了问题。其实，这只是用人们消费上的量的平等掩盖了消费上的质的不平等。这样，不仅使人陷入到了新的异化状态当中，而且瓦解了工人阶级的阶级意识。

中国共产党旗帜鲜明地提出，促进人的全面发展是建设社会主义新社会的本质要求。党的十八大以来，按照马克思主义的群众观点和党的群众

---

① 马克思，恩格斯．马克思恩格斯全集：第 30 卷．2 版．北京：人民出版社，1995：389.

路线，我们党创造性地提出了以人民为中心的发展思想，要求坚持发展为了人民、发展依靠人民、发展成果由人民共享。根据我国社会主要矛盾的变化，必须从满足人民群众的美好生活需要出发，通过社会主义建设事业的全面发展，保障人民群众的经济、政治、文化、社会、生态等方面的权益，让人民群众共享经济、政治、文化、社会、生态文明等方面的建设成果，最终要实现共享发展和共同富裕，促进社会的全面进步和人的全面发展。现在，按照我国现代化建设的既定战略，按照共享发展的科学理念和共同富裕的社会主义本质，我国现行标准下 9 899 万农村贫困人口全部脱贫，832 个贫困县全部摘帽，12.8 万个贫困村全部出列，区域性整体贫困得到解决。在庆祝中国共产党成立 100 周年大会上，习近平庄严宣告，"经过全党全国各族人民持续奋斗，我们实现了第一个百年奋斗目标，在中华大地上全面建成了小康社会，历史性地解决了绝对贫困问题，正在意气风发向着全面建成社会主义现代化强国的第二个百年奋斗目标迈进"[①]。这一过程就是造福全体中国人民的过程，就是促进所有人的全面发展的过程。

由于一系列复杂原因，我们离人的全面发展仍然存在历史距离。面向未来，我们必须站稳人民立场，践行以人民为中心的发展思想，紧紧依靠人民创造历史，在推动人的全面发展、实现全体人民共同富裕方面更上一层楼。追求实现人的全面发展，明确了人类文明新形态的价值取向和价值目标。实现人与自然和谐共生的现代化就是要为实现人的全面发展提供生态保障条件。

---

① 习近平. 在庆祝中国共产党成立 100 周年大会上的讲话. 人民日报，2021 - 07 - 02（2）.

　　总之，中国共产党在社会制度和发展道路上坚持和发展中国特色社会主义，在文明构成上坚持全面提升物质文明、政治文明、精神文明、社会文明、生态文明，在文明演进上坚持协同推进新型工业化、信息化、城镇化、农业现代化和绿色化，在价值目标上追求实现人的全面发展，昭示着人类文明新形态的性质、内容、走向和目标。

　　脱离物质文明、政治文明、精神文明、社会文明的生态文明，不可能独立存在；脱离生态文明的物质文明、政治文明、精神文明、社会文明难以持续。因此，我们必须在推动"五个文明"协调发展当中建设人与自然和谐共生的现代化。脱离农业文明、工业文明、信息文明的生态文明，只能是一种自然主义和浪漫主义的复辟；没有生态文明，农业文明、工业文明、信息文明难以持续。因此，我们必须在统筹农业文明、工业文明、信息文明和生态文明的过程中来建设人与自然和谐共生的现代化。这就是建设人与自然和谐共生现代化的文明方位。

第三章

建设人与自然和谐共生现代化的道路选择

　　实现工业化和现代化，对于我国这样仍然处于社会主义初级阶段的社会主义大国来说尤为重要。从技术社会形态上来说，社会主义初级阶段就是从落后的农业国向先进的工业国转变的过程①。当然，现代化总是在一定的社会体制和技术体制中发生、运行和演进的。选择什么样的现代化道路和模式，直接关系到现代化事业的成败。立足于世界现代化的总体进程和我国现代化的总体方位，我们党科学地提出了建设人与自然和谐共生现代化的战略抉择。

｜ 第一节 ｜

从资本主义现代化道路到社会主义现代化道路

　　现代化（工业化）首先在资本主义制度下成为可能，或者说，资本主义凭借现代化（工业化）成为现实，这样，就形成了资本主义现代化（工业化）道路。无论是在人与社会关系方面，还是在人与自然关系方面，资本主义现代化都具有明显的二重性。由于本书的主题是考察人与自然和谐共生的现代化，因此，对于资本主义现代化在人与社会关系方面造成的问题，我们暂且不论。

---

　　① 十三大以来重要文献选编：上．北京：人民出版社，1991：12 - 13；十五大以来重要文献选编：上．北京：人民出版社，2000：15.

从人与自然关系方面来看，资本主义现代化（工业化）极大地提高了人与自然之间物质变换的水平，但也造成了人与自然关系的严重异化。一是从其前提来看，尽管没有自然界，工人什么也不可能创造，工人和自然的有机结合才能创造财富，但是，资本主义私有制进一步割裂了自然和工人的有机联系。自然界成为资本家所有和占有的东西，成为资本家的私人财富，不属于工人和社会。这样，自然和工人的分离和疏离就成为资本主义生产方式得以进行的前提。二是从其过程来看，作为生产对象的自然界和作为生产主体的工人同时进入生产过程，但是，为了实现剩余价值的最大化，资本家力求使自然成为不费资本分文的东西，力求降低劳动力的价值，力求使用尽量少的可变资本来利用尽量多的不变资本以生产尽量多的剩余价值，这样，资本的"节约"和"高效"必然导致自然和工人的"浪费"和"贬值"。三是从其后果来看，由于人与自然的关系在资本主义生产方式中以对立和对抗为特征，因此，资本主义现代化（工业化）普遍以资源能源浪费、生态环境污染等为特征和代价。在对外扩张中，其利用全球化将上述问题进一步放大成为全球性问题。这样，生态危机就成为资本主义总体危机的表现和表征。

尤其是，"从上世纪 30 年代开始，一些西方国家相继发生多起环境公害事件，损失巨大，震惊世界，引发了人们对资本主义发展模式的深刻反思"①。显然，工业化和工业文明只是造成生态危机的表层原因，资本主义现代化（工业化）道路才是造成问题的本质根源。因此，我们不仅要选择社会主义现代化（工业化）道路，而且要建设人与自然和谐共生的现代

---

① 习近平 . 推动我国生态文明建设迈上新台阶 . 求是，2019（3）.

化。只有按照社会主义方式建设人与自然和谐共生的现代化，才能有效防范和避免西方资本主义现代化"先污染后治理"的生态弊端。

｜第二节｜
从苏联式工业化道路到中国式工业化道路

十月革命之后，到 1938 年，苏联迅速地实现了工业化（现代化），成为欧洲第一、世界第二的工业国，成功地开辟出社会主义工业化（现代化）道路。其所以如此，就在于这种工业化是在社会主义公有制的基础上、在苏联共产党的领导下、在马克思列宁主义的指导下、发挥人民群众的主体作用而完成的。在建立和完善社会主义制度的同时，苏联模式得以形成。苏联模式的成功证明了社会主义工业化（现代化）道路的科学性、可行性和有效性。但是，这一模式后来出现了僵化问题。

苏联模式的僵化导致了社会和生态等方面的一系列不良后果。第一，优先发展重工业的弊端。重工业优先的工业化战略有助于迅速奠定国家的工业化的基础，但容易忽视农业和轻工业的发展。1956 年，我们党就清醒地提出："在处理重工业和轻工业、农业的关系上，我们没有犯原则性的错误。我们比苏联和一些东欧国家作得好些。"① 在此基础上，我们确定了农轻重的发展顺序和比例关系。第二，单纯突出计划经济作用的弊端。计划经济有助于集中力量办大事，但容易忽视商品经济在社会主义条件下存在的合理性。有鉴于此，在开辟中国特色社会主义道路的基础上，我们党将社会主义市场经济体制确立为我国经济体制改革的目标，党的十九届四中全会将社会主义市场经济体制纳入社会主义基本经济制度。第三，苏联模式具有忽视自然规律的特征和局限。尽管列宁十分重视自然保护，苏联形成了"苏维埃环境主义"（Soviet environmentalism）②，苏联学术界提出了"活物质""智慧圈""生态文化"等生态思想，但由于受主观唯意志论等错误因素的影响，苏联在农业发展中出现了沙尘暴等问题，在工业发展中出现了环境污染问题，后来出现了切尔诺贝利核泄漏的问题。这些问题同样触目惊心。

对此，有西方学者认为："苏维埃体制并没有给我们提供这种不可或缺的社会主义模式，因为它也在不关心生态学的情况下开发自然资源。"③尽管这位论者没有区分清楚一般的社会主义道路和具体的社会主义模式，但上述问题也深刻警示我们：贫穷和污染会动摇社会主义的根基，"贫穷＋污染"会压垮社会主义的躯体。在开辟和完善中国特色社会主义道路的过程中，我们党创造性地将生态文明纳入中国特色社会主义事业中，完善了中国特色社会主义事业。

---

① 中共中央文献研究室．毛泽东文集：第 7 卷．北京：人民出版社，1999：24.

② Arran Gare. Soviet environmentalism：the path not taken//Ted Benton. The greening of Marxism. New York：The Guilford Press，1996：111 - 128.

③ Gunnar Skirbekk. Marxism and ecology//Ted Benton. The greening of Marxism. New York：The Guilford Press，1996：130.

第三节

从传统工业化道路到新型工业化道路

　　面对建立在强大的先进的工业化基础上的世界资本主义体系，只有多快好省地实现工业化，新生的社会主义才能维护自身的存在和取得比较优势。因此，"对社会主义国家环境问题的任何真正的理解都必须被置放在自 20 世纪早期以来主要的西方国家对社会主义所发动的政治—经济—军事—意识形态斗争的语境之中，同时，还必须被置放在第二次世界大战结束以来的冷战的语境之中"①。这样，社会主义国家不得已采用了同西方国家相同的工业化的运行体制和技术模式——传统工业化道路，结果同样导致了生态环境问题。传统工业化道路是在机械发展观主导下形成的工业化道路，片面追求发展的数量和速度，突出强调高投入和高产出，但造成了高消耗和高污染等问题。苏联和中国的生态环境问题莫不如此。

　　在反思和批判传统工业化道路的基础上，面对新科技革命、知识经济、可持续发展的时代浪潮，党的十六大创造性地提出了"走新型工业化道路"。一是从其发展阶段来看，传统工业化面对的是从农业社会向工业

---

　　①　奥康纳.自然的理由：生态学马克思主义研究.唐正东，臧佩洪，译.南京：南京大学出版社，2003：419.

社会转变的"二元"结构课题。在此基础上，新型工业化强调用工业化带动信息化、用信息化促进工业化，具有"三元"结构的跨越式特征。二是从其科技动力来看，尽管传统工业化第一次将科技自觉运用于生产过程，但只有新型工业化是先进科技引导下的创新发展过程，具有科技含量高的特征。三是从其自然条件和环境来看，传统工业化具有高消耗和高污染的特征，新型工业化将资源消耗低、环境污染低作为发展的内在要求，具有生态化的特征。四是从其主体（劳动者）来看，传统工业化存在见物不见人的问题，新型工业化不仅强调要保障劳动者的生产安全条件，而且强调要发挥人力资源的优势，促进人的全面发展，具有人性化的特征。五是从其效益追求来看，传统工业化主要强调经济效益，新型工业化要求将生态效益、经济效益、社会效益统一起来，具有效益高和效益好相统一的特征。

这样看来，"中国特色新型工业化道路关于'科技含量高、经济效益好、资源消耗低、环境污染少'的主张，同发展绿色经济、低碳经济、循环经济和实现可持续发展的时代潮流高度契合"①。在坚持社会主义现代化道路的前提下，坚持新型工业化道路，才能走出传统工业化道路的生态环境困境，才能实现可持续发展。

---

① 习近平. 在2010'经济全球化与工会国际论坛开幕式上的致辞. 人民日报，2010 - 02 - 26 (2).

从生态现代化模式到人与自然和谐共生现代化

　　面对资本主义生态危机，不仅马克思主义等左翼思想对资本主义现代化道路进行了革命的生态批判，而且其他一些学者对之进行了深刻的生态反思。在反思西方现代化（工业化）生态弊端的基础上，来自西欧和北欧的一些学者于 20 世纪 80 年代提出了生态现代化理论（EM 理论）。这种理论提供了一种生态与经济相互作用的模式，试图实现生态和经济"双赢"的可能性结果①。这样，如同风险社会理论一样，生态现代化（EM）是作为一种"自反式"的现代化理论和模式出现的。

　　在谈到建设人与自然和谐共生现代化问题时，人们往往会联想到 EM。这种联想具有一定的合理性。据 EM 概念的提出者、德国学者耶内克所说，他当初提出这一概念时就受到中国"四个现代化"战略的启发。他认为，发达国家与中国之间的差异并不构成相互借鉴的根本障碍②。EM 的代表人物、荷兰学者莫尔认为，EM 最早是作为一种欧洲方案提出的。当

---

　　①　耶内克 . 生态现代化：全球环境革新竞争中的战略选择 . 李慧明，李昕蕾，译 . 鄱阳湖学刊，2010（2）.

　　②　郇庆治，耶内克 . 生态现代化理论：回顾与展望 . 马克思主义与现实，2010（1）.

将之运用到中国的时候可以发现，中国和欧洲在动力、机制、主体诸方面存在差异。但随着中国改革开放的深入发展，中国在国家体制、市场动力、社会压力、国际环境等方面业已具备了推动生态现代化的力量①。

2007 年之后，情况发生了根本性的变化。这一年，中共十七大提出了生态文明的科学理念，将之作为全面建设小康社会（即中国现代化的一个阶段）奋斗目标的新要求之一。2012 年，中共十八大将生态文明纳入中国特色社会主义总体布局当中，形成了经济建设、政治建设、文化建设、社会建设、生态文明建设的"五位一体"总体布局。2017 年，中共十九大提出，我们要建设的现代化是人与自然和谐共生的现代化，必须为把我国建设成为富强民主文明和谐美丽的社会主义现代化强国而奋斗。2018 年，中国共产党人系统形成了习近平生态文明思想。2020 年，中共十九届五中全会在部署生态文明建设时再次强调，"建设人与自然和谐共生的现代化"。在中国，建设人与自然和谐共生的现代化是一个隶属于生态文明的命题和任务。生态文明是具有目标性和价值性的战略理念，建设人与自然和谐共生的现代化是具有操作性和工具性的战略举措。

EM 主要从科学技术、市场经济、民族国家、社会运动、意识形态五个方面探讨了实现生态化和现代化兼容和双赢的可能性和现实性②。在这五个方面，中国和欧洲的情况不尽相同，也不尽相异。

第一，科学技术的作用。过去，人们往往将科技看作造成生态环境问题的罪魁祸首。EM 理论认为，通过科学知识和先进技术能够更新地球的

---

① Arthur P. J. Mol. Environment and modernity in transitional China: frontiers of ecological modernization. Development and change, 2006 (1).

② 莫尔，索南菲尔德. 世界范围的生态现代化：观点和关键争论. 张鲲，译. 北京：商务印书馆，2011：6-7.

承载能力，使全球地理圈和生物圈对工业社会进行重新适应，使社会的新陈代谢重新嵌入到自然的新陈代谢当中。当然，没有科技自身的绿色转型和绿色变革不可能实现这一点。

中国坚持将科技创新尤其是绿色科技创新作为建设人与自然和谐共生现代化的动力。中国看到，绿色科技已经成为科技为社会服务的基本方向，是人类建设美丽地球的重要手段。中国强调，要加深对自然规律的认识，要从全球变化、碳循环机理等方面加深认识，自觉以对规律的科学认识指导实践；要构建市场导向的绿色技术创新体系，依靠科技创新破解绿色发展难题、发展生态经济。

上述二者都将科技尤其是绿色科技作为实现生态化和现代化兼容和双赢的手段，都是将科技理性、经济理性、生态理性统一起来的可行方案。由于客观存在的发展差距和科技差距，中国在这方面仍然需要在借鉴 EM 等方案和学习西方绿色科技的基础上推进创新。

第二，市场经济的作用。西方现代化建立在工业化和市场化相结合的基础上。环境污染是市场经济外部不经济性问题的典型表现。EM 理论将"符合环境规则的市场"作为 EM 模式的重要特征。现在，各种市场主体都通过市场、货币以及经济逻辑推动环境目标的实现，成为生态变革的社会执行者。

在将社会主义市场经济体制确立为经济体制改革目标的基础上，中国十分重视市场机制在建设人与自然和谐共生现代化中的作用。例如，在实现低碳发展中，中国不仅引入了国际社会倡导的清洁发展机制等市场机制，而且开始推行碳排放权交易、碳税等市场举措。

尽管二者都采用市场机制，中国和西方可以在生态环保市场领域进行合作，但是，EM 更为强调的是"自由市场资本主义"，将"自然资本"看作一种盈利的机会。在它看来，资本主义通过绿化市场能够转型成为生态资本主义，而不必触及西方社会现有的制度框架。在实行社会主义市场经济的中国，将市场机制看作实现外部问题内部化的一种手段，同时重视发挥举国体制的作用。其实，EM 也承认，即便存在市场机会，生态利益也无法自动地渗透到企业当中。

第三，民族国家的作用。传统民族国家的主要职能是维护政治稳定，因此，统治或管制是其鲜明的特色。EM 理论认为，在环境变革中，民族国家的旧政治体制已经发生了改变，产生了更为分权的、自由的、两愿的治理模式，更多的非政府行为者获得了承担传统行政的、规范的、管理的、合作的以及与政府相协调的功能的机会。这就是所谓的政治现代化问题。

随着社会主义市场经济体制的建立和完善，中国也出现了市场、政府、社会的分化趋势。但是，通过国家治理体系和治理能力的现代化，中国强调"有效市场"和"有为政府"的结合，尤其是突出了中国共产党的全面领导。在此基础上，中国从管理转向了治理。治理更为强调的是运用法治思维和法治方式解决问题。现在，生态文明已经被明确写入《中国共产党章程》和《中华人民共和国宪法》当中。这成为中国建设人与自然和谐共生现代化的有效的制度保障。

与 EM 推崇政治现代化不同，中国更为重视社会主义政治文明建设，强调党的领导、人民当家作主、依法治国的统一。可见，在对待民族国家的作用问题上，中西方之间存在差异。

第四，社会运动的作用。西方现代化是在市民社会的基础上完成的，较为重视社会运动的作用。1968 年之后，许多参与"五月风暴"的社会人士投入到了环境运动中。因此，西方国家最初对环境运动采取限制的措施。现在，在涉及环境变革议题时，社会运动日益参与到了各种类型的决策当中。EM 认为，环境运动是一种新类型社会运动，超越了阶级政治。

在推动生态治理的过程中，中国强调社会主义生态文明是人民群众共有共建共治共享的事业，大力构建党委领导、政府主导、企业主体、社会组织和公众共同参与的现代环境治理体系，注重健全环境治理全民行动体系。这样，就为建设人与自然和谐共生现代化提供了适宜的广泛的社会动员机制。

显然，与西方的"多元"治理模式不同，中国治理模式要求"以坚持党的集中统一领导为统领"，"坚持多方共治"。

第五，意识形态的作用。在西方现代化的过程中，往往将环境利益和经济利益对立起来。这成为社会占主导地位的意识形态，是生态危机产生的思想根源。EM 追求环境利益和经济利益的统一，将建立在可持续发展基础上的"代际团结"和"代际正义"作为核心原则。

以马克思主义关于人与自然关系的思想为基础，习近平生态文明思想提出了"绿水青山就是金山银山"的理念，要求在建设现代化的过程中将生态效益、经济效益、社会效益统一起来，要求将代际正义和代内正义统一起来，这样，就明确了建设人与自然和谐共生现代化的价值取向和奋斗目标。

显然，EM 推崇的是一种"浅绿"的意识形态；建设人与自然和谐共生的现代化践行的是一种"红绿"意识形态，是马克思主义关于人与自然关系思想的当代实践，是习近平生态文明思想指导下的创新实践。

在总体上，生态现代化不触及生态危机的资本主义制度根源，只是"沿着更加有利于环境的路线重构资本主义政治经济"①。因此，它本质上是一种"绿色资本主义"（生态资本主义）方案和方式。与之不同，在"社会主义生态文明"和"社会主义现代化"语境中，我们党提出了建设人与自然和谐共生的现代化的目标和任务。因此，建设人与自然和谐共生的现代化，不是西方生态现代化理论和模式的中国翻版，不是生态现代化的中国方案和中国愿景，而是沿着社会主义现代化道路、以新型工业化的方式对西方生态现代化的替代和超越。当然，建设人与自然和谐共生的现代化需要彻底而全面的生态创新。

总之，从中国国情尤其是中国发展新阶段的实际出发，通过对各种现代化道路和模式的科学比较和批判鉴别，在科学把握人与自然和谐共生规律的基础上，我们党提出了建设人与自然和谐共生的现代化的战略目标和战略任务。这是我们党做出的具有创新特征和创新价值的科学抉择和战略安排。

---

① 德赖泽克 . 地球政治学：环境话语 . 蔺雪春，郭晨星，译 . 济南：山东大学出版社，2008：193.

第四章

建设人与自然和谐共生现代化的主要内涵

　　建设人与自然和谐共生的现代化，要求遵循人与自然和谐共生的规律，坚持以人与自然生命共同体为本体论依据，坚持绿水青山就是金山银山的科学理念，将生态化原则贯彻到现代化的全部过程、全部方面、全部动力、全部目标当中，实现生态化和现代化的统一，一体化推进社会主义生态文明建设和社会主义现代化建设。

｜ 第一节 ｜

坚持将生态化贯穿于现代化理念中

　　现代化是一个发展理念不断变革的过程。由于作为社会主体的人在自然进化中通过劳动而诞生，始终在自然界中生存和发展，因此，人与自然的关系问题是社会发展始终要面对的基本问题。其在现实中集中表现为环境和发展（经济）的矛盾，在现代化中集中表现为生态化（绿色化）和现代化的矛盾。长久以来，人们一直认为生态化（环境）和现代化（发展）是"鱼"与"熊掌"的关系。这种观念直接影响着现代化的可持续性。鉴于此，EM 理论指出："生态现代化是一种对环境与经济之间关联的再次概念化的一种更为严格的尝试。然而这不仅仅是关于进一步经济发展的可持续的环境条件，也包括更为强调环境保护和环境质量。"① 根据现代化的一般规律和中国现代化的实际经验，我们党将生态化和现代化的关系形象地表达为"绿水青山"和"金山银山"的关系，提出了"绿水青山就是金山银山"的科学理念。因此，建设人与自然和谐共生的现代化，就是要将"绿水青山就是金山银山"的理念变为现实存在。

科学化解生态化和现代化的矛盾是现代化的重大主题。这一矛盾主要表现在：第一，有限和无限的矛盾。现代化是一个不断追求进步的过程，具有无限性，但是，现代化所依赖的自然物质条件在一定的时空范围内总存在着一定的生态环境阈值，具有有限性。如果不能妥善处理这一矛盾，有限的地球系统必然会限制无限的现代化过程，最终必然会导致生态萎缩，使现代化破产和流产。这就是罗马俱乐部在 1972 年发出的"增长的极限"的生态警告。第二，稳态和增长的矛盾。尽管具有复杂性和非线性，自然界总是寻求一种稳定状态即动态的生态平衡，而现代化总是追求增长，会扰乱自然界的稳态，最终会制约和限制经济增长。"由此可见，生态与经济之间的矛盾可以归结为两项（实际上或可能）基本原则之间无可调和的冲突：生态以'稳定'为原则，这是生态系统永续的前提条件；而经济学以'增长'为原则，这是经济系统的内在逻辑。"② 在这种情况下，西方学者提出了"稳态经济学"的设想。面对上述矛盾，科学的选择就是用生态理性规范和引导经济理性。这就是要在尊重自然规律的基础

---

① Stephen C. Young. The emergence of ecological modernisation：integrating the environment and the economy?. London：Routledge，2000：17.

② 西莫尼斯. 工业社会的生态现代化：三个战略要素. 仕琦，译. 国际社会科学杂志（中文版），1990（3）.

上，"减少人类活动对自然空间的占用"，"守住自然生态安全边界"①。只有坚持这种科学的生态理性，才能在守护住和守护好绿水青山的前提下，使现代化成为联结绿水青山和金山银山的桥梁。

现代化是在人与自然这个生命共同体中展开的进步过程和达到的进步状态，因此，现代化必须是"生态化的现代化"和"现代化的生态化"的统一。第一，生态化是现代化的基本前提。自然界是生产资料和生活资料的基本来源，是现代化的自然物质前提和保障。自然界的可持续性是现代化的可持续性的基础和前提。任何现代化都必须以尊重自然规律为前提，尤其是要遵循自然界客观存在的生态阈值或生态极限。如果要突破这一极限，就必须在对生态环境进行安全影响评估的前提下，通过绿色科技来拓展现代化的条件和边界。在这个过程中，必须确保人化自然和人工自然没有威胁到原初自然生态系统的安全和稳定。这是实现生态化和现代化相统一必须保持的基本前提。第二，生态化是现代化的基本要求。按照生态化的原则实现现代化，要求现代化必须告别"黑色发展"，坚持"绿色发展"。一方面，必须减少现代化建设中的资源能源投入，大力提高资源能源的利用效率，从而有效减少环境污染、有效阻止气候暖化和生态恶化。另一方面，必须坚持"节约优先、保护优先、自然恢复为主"的方针，将资源节约、环境清洁、废物循环、节能低碳、生态安全、灾害预警等原则纳入现代化建设当中。这就是要将运用经济的生态自我调控潜在能力和按照生态要求来重新调整现代化的运行统一起来。第三，生态化是现代化的发展方向。在开发、利用、征服自然的过程中，人类必须始终对大自然有

① 中共中央关于制定国民经济和社会发展第十四个五年规划和二○三五年远景目标的建议．人民日报，2020-11-04（1）.

所保护、有所修复、有所补偿、有所增益，维持和增强自然的可持续性，实现和维护人与自然之间的动态平衡，这样，才能确保现代化和社会发展的永续性。因此，我们必须按照生态化原则来调整现代化的发展方向。现代化的目标不仅是要实现经济价值、增值经济资本，而且要维护自然价值、增值自然资本。对于我们来说，不仅要将我国建设成为富强民主文明和谐美丽的社会主义现代化强国，而且要保证整个中国现代化能够保持永续性。

总之，建设人与自然和谐共生现代化的核心问题是如何实现生态化和现代化的相辅相成，确保现代化始终沿着生态化的方向永续发展。这就是要按照"绿水青山就是金山银山"的科学理念，实现和确保"现代化的中国的永续性"和"生态化的中国的现代性"的有机统一。简言之，就是要实现"生态化的现代化"和"现代化的生态化"的有机统一。

‖ 第二节 ‖
坚持将生态化贯穿于现代化过程中

现代化是一个永不止步的进步过程。从其发展过程来看，现代化经历了农业产业化（农业现代化）、工业化（同时包括城市化）、信息化三个发展阶段。"从茹毛饮血到田园农耕，从工业革命到信息社会，构成了波澜壮阔的文明图谱，书写了激荡人心的文明华章。"① 在技术社会形态上，到目前为止，人类文明经历了农业文明、工业文明（包括城市文明）、信息文明三种形态。现在，经过新中国70多年的发展尤其是改革开放以来40多年的发展，我国经济总量已经跃居世界第二位，但我国农业现代化的任务尚未完成，工业化和城市化发展到了中后期阶段，信息化的挑战和机遇又接踵而至。从我国目前所处的发展阶段来看，"我们正在协同推进新型工业化、信息化、城镇化、农业现代化，这有利于化解各种'成长的烦恼'"②。全面建设社会主义现代化国家，就是要在实现农业现代化（农业产业化）的基础上，实现新型工业化和中国特色城镇化，同时要大力推进信息化。这样，我们才能迎头赶上世界现代化的浪潮，实现中华民族的伟大复兴。我国的发展不能脱离这一总体历史进程，不能用生态文明取代和超越工业文明，否则，会进一步加大我国与西方的发展鸿沟，重蹈鸦片战争、甲午海战那种落后就要挨打的覆辙。

在现代化的任何一个发展阶段，都必须遵循人与自然和谐共生的规律，否则，发展就难以持续。农业革命引发的表土流失，工业革命引发的环境污染，信息革命引发的电磁辐射，都充分证明了这一点。因此，我们必须协同推进新型工业化、信息化、城镇化、农业现代化和绿色化。就此而论，建设人与自然和谐共生的现代化，就是要将绿色化（生态化）原则贯穿到现代化的各个发展阶段，协同推进"新四化"和绿色化。第一，我们要协同推进农业现代化和生态化，将生态化原则植入农业发展和农村建

---

① 习近平. 在联合国教科文组织总部的演讲. 人民日报，2014-03-28（3）.
② 习近平. 谋求持久发展 共筑亚太梦想：在亚太经合组织工商领导人峰会开幕式上的演讲. 人民日报，2014-11-10（2）.

设当中，大力发展现代高效生态农业，大力建设美丽乡村，保证农业现代化沿着生态化方向发展。第二，我们要协同推进新型工业化和生态化，将生态化原则植入新型工业化和中国特色城镇化当中，大力发展生态工业和生态城市，保证工业化和城市化沿着生态化方向发展。第三，我们要协同推进信息化和生态化，将生态化原则植入信息产业和知识经济当中，大力发展"信息化＋生态化＋"的新的业态，保证信息化沿着生态化的方向发展。当然，信息化也为有效解决生态环境问题、建设生态文明提供了新的手段和可能。例如，"我们应当结合人工智能技术，并通过智能电网、动态能源路线或电池驱动交通工具提高整个系统的效率"[1]。这对于我们实现碳中和的目标具有重要价值。当下，我们应该统筹推进"工业 4.0"、信息化、生态化。

有的论者认为，生态现代化是第二次现代化。对于已经实现现代化的西方国家来说，生态现代化具有反思性、补救性和事后性。对于像中国这样的发展中国家来说，建设人与自然和谐共生的现代化具有预防性、前瞻性和全程性。要之，从发展过程来看，建设人与自然和谐共生的现代化，就是要协同推进新型工业化、信息化、城镇化、农业现代化和绿色化，确保整个现代化的过程按照生态化方向发展。

---

① 施瓦布，戴维斯. 第四次工业革命：行动路线图：打造创新型社会. 世界经济论坛北京代表处，译. 北京：中信出版社，2018：248.

坚持将生态化贯穿于现代化领域中

现代化是一项整体的全面的社会进步事业。作为社会主体的人，既生活在自然当中，又生活在社会当中。从人与自然的关系来看，人口、资源、能源、环境、生态等各种自然条件也是社会存在的重要组成部分，是与经济物质条件相对的自然物质条件。经济发展的过程，就是将自然物质转化为经济物质的过程。在人与自然的物质变换过程中，形成了社会的生态领域。从人与社会的关系来看，人的生活包括物质生活、政治生活、文化生活、社会生活等几个方面，由此形成了社会有机体的经济、政治、文化、社会生活等领域。综合起来看，我们可以将社会有机体看作由经济、政治、文化、社会、生态等几个方面构成的复杂系统。因此，从其构成领域来看，现代化是由经济现代化、政治现代化、文化现代化、社会现代化、生态环境领域的现代化等方面的现代化构成的整体的社会进步过程。现代化的成就积淀为物质文明、政治文明、精神文明、社会文明、生态文明，由此构成了人类文明系统。在社会主义条件下，形成了社会主义文明系统。建设人与自然和谐共生的现代化，就是要将生态化原则贯彻和渗透到现代化各个领域当中，实现社会主义物质文明、政治文明、精神文明、社会文明、生态文明的全面提升。

我们首先要大力推动生态环境领域的现代化，夯实现代化的自然物质基础。由于人口、资源、能源、环境、生态、防灾减灾救灾是自然物质条件的基本要素，因此，实现生态环境领域的现代化，就是要科学预防和大力化解现代化过程中产生的人口爆炸、资源枯竭、气候暖化、环境污染、生态恶化、灾害多发等生态环境问题（全球性问题），大力促进均衡发展、节约发展、低碳发展、清洁发展、安全发展、预警发展，建立和完善人口均衡型社会、资源节约型社会、能源低碳型社会、环境友好型社会、生态安全型社会、灾害预警型社会。这样，才能有效避免现代化的生态代价，夯实现代化的可持续性基础。这是现代化建设的基本自然物质条件，也是建设人与自然和谐共生现代化的生态底线要求。

在社会有机体当中，生态领域和其他社会结构领域存在复杂的有机的联系，因此，在实现生态现代化的同时，还必须实现现代化全部领域的生态化。生态现代化理论看到："生态现代化需要来自所有社会子系统的响应推动，如果其中一个缺失，那么生态现代化的进程将会或多或少地受到限制。"① 按照"五位一体"的中国特色社会主义总体布局，我们必须将生态化原则贯穿于经济现代化、政治现代化、文化现代化、社会现代化等现代化的各个领域当中，协调推进这些方面的现代化和生态化（绿色化）。我们既要坚持用生态化引导和规范经济现代化、政治现代化、文化现代化、社会现代化，又要坚持用上述各个方面的现代化推动和保障生态化。

---

① Joseph Huber. Ecological modernization：beyond scarcity and bureaucracy//A. P. J. Mol，D. A. Sonnenfeld，G. Spaargaren. The ecological modernisation reader：environmental reform in theory and practice. London and New York：Routledge，2009：48.

最终，我们要通过实现生态化的经济现代化，大力构建和完善生态经济体系，推动物质文明和生态文明的统一；通过实现生态化的政治现代化，大力构建和完善生态政治体系，推动政治文明和生态文明的统一；通过实现生态化的文化现代化，大力构建和完善生态文化体系，推动精神文明和生态文明的统一；通过实现生态化的社会现代化，大力构建和完善生态社会体系，推动社会文明和生态文明的统一。这就是"五位一体"的中国特色社会主义总体布局。在此基础上，我们才能实现社会的全面进步和人的全面发展。

总之，从构成领域来看，建设人与自然和谐共生的现代化，就是要按照生态化原则协同经济现代化、政治现代化、文化现代化、社会现代化、生态环境领域的现代化，促进物质文明、政治文明、精神文明、社会文明、生态文明的全面提升。

｜第四节｜
坚持将生态化贯穿于现代化动力中

现代化是一个持续创新的进步过程。资本主义之所以在几百年时间内创造出的物质财富超过以往一切时代的总和，就在于它第一次将生产过程变成一个自觉运用科技成果的过程，有效解决了发展动力问题。"发展动力决定发展速度、效能、可持续性。"① 生态现代化理论强调"环境革新"主题，突出了技术革新、市场动态、国家治理和全球治理、公众参与、观念变革对于生态现代化的价值。改革开放以来，我们党提出和完善了党在社会主义初级阶段的基本路线：领导和团结全国各族人民，以经济建设为中心，坚持四项基本原则，坚持改革开放，自力更生，艰苦创业，为把我国建设成为富强民主文明和谐美丽的社会主义现代化强国而奋斗。这就明确经济建设是我国现代化的主题，四项基本原则是政治保证，改革开放是直接动力。党的十五大将科教兴国和可持续发展共同确立为我国现代化建设的重大战略，从而明确科技是现代化的第一动力，教育是再生产第一动力的动力。同时，科技和教育是实现可持续发展的重要动力。党的十七大提出了全面认识工业化、信息化、城镇化、市场化、国际化的要求。党的十八届五中全会提出了创新发展的理念，要求全面推进理论、制度、科技、文化等创新。理论创新提供的是指导思想，制度创新提供的是制度保障，文化创新提供的是价值导引，科技创新提供的是第一动力。这样，我们可以将科技现代化、教育现代化、市场化、全球化确立为我国现代化的基本动力。

我们必须将生态化原则渗透和贯穿到现代化的动力系统当中。第一，实现生态化的科技现代化。作为第一生产力的科学技术，同样是现代化的第一动力。由于科技发展会导致生态负效应，因此，必须按照生态化原则规范科技发展，建立和完善生态化的科技体系和范式。由之形成的绿色科技将成为实现人与自然和谐共生现代化的第一动力。目前，我们亟须构建

---

① 习近平. 在省部级主要领导干部学习贯彻党的十八届五中全会精神专题研讨班上的讲话. 人民日报，2016－05－10（2）.

市场导向的绿色技术创新体系。第二，实现生态化的教育现代化。教育是促进科技再生产、培养人的重要途径。教育的生态化或生态化的教育，是教育现代化的内容和方向。这不仅要求扎实推进绿色教育，而且要求将生态化原则贯穿和渗透到教学理念、教学内容、教学手段、教育方式、教育体制的各个方面，使教育成为推动人与自然和谐共生的重要力量。通过这样的教育培养出的"全人"，应该是具有生态敏感性的人，是能够自觉按照生态化原则来生存、生活、生产的人。第三，实现生态化的市场化。我国经济体制改革的目标是建立和完善社会主义市场经济体制。市场化是现代化的直接动力。由于市场存在着外部不经济性等失灵问题，因此，我们既要坚持市场经济的社会主义制度规定，又要坚持用生态化原则约束市场化。在后一个方面，应该实现生态化和市场化的融合，使生态化的市场化成为实现人与自然和谐共生现代化的直接动力。第四，实现生态化的全球化。改革与开放紧密相连。开放就是利用全球化来实现引进来和走出去的统一，促进现代化建设。当下的全球化既要求开放，又限制开放。全球化既是造成全球性问题的深层原因，又是建设全球生态文明的必要条件。全球化既制造绿色贸易壁垒，又要求全球绿色发展。因此，按照人类命运共同体的理念，我们必须反对反全球化和逆全球化思潮，将旧的全球化转变为新的全球化。新的全球化要求既要促进全球化向开放、包容、普惠、平衡、共赢的方向发展，也要促进其向绿色的方向发展。绿色的全球化即生态化的全球化，要求人类共同呵护地球家园，共同建设清洁美丽的世界。这样，生态化的全球化将成为推动人与自然和谐共生现代化的重要动力。

　　总之，从现代化的动力来看，实现生态化和现代化的统一，就是要将生态化原则渗透和贯穿到科技现代化、教育现代化、市场化、全球化等构成的现代化动力系统当中，为建设人与自然和谐共生的现代化提供强大而持续的绿色动力合力。

坚持将生态化贯穿于现代化目标中

在促进社会的全面进步的基础上，现代化最终要体现在促进人的全面发展上。在这个意义上，我们承认存在"人的现代化"的问题。但是，我们不能单纯地在英格尔斯"人的现代化"理论的意义上来理解和实现人的现代化，即不能将人的现代化简单视为人的心理、思想、态度和行为的变革问题，或国民性的改造问题，而必须将之上升到建设社会主义新社会本质要求的高度来加以把握和推进。在物质财富极大丰富、人们精神境界极大提高的基础上，促进人的全面发展，是马克思主义关于建设社会主义新社会的本质要求。人的全面发展既是实现共产主义理想的前提条件，又是共产主义社会的内在规定。因此，人的现代化实质上是人的全面发展问题。在促进社会主义社会全面发展和全面进步的基础上，社会主义现代化必须以人的现代化即人的全面发展为价值取向和价值目标。我们建设社会主义现代化国家，建设人与自然和谐共生的现代化，同样必须坚持这一点。

　　我们必须将建设人与自然和谐共生的现代化和人的全面发展统一起来，必须将物的现代化、生态现代化、人的现代化统一起来。这在于，无论是人的物质生活还是精神生活，都离不开自然界。自然界是人的另外一个身体，人就在自然界中生存、生活和生产。即使是生态现代化理论也提出："反思性生态现代化是面向每一个人的。"① 当然，人总是现实的具体的人，即有社会性和阶级性规定的人。在资本主义社会中，环境污染并不是公平地面向每一个人的。造成污染的资产阶级享受环境保护的益处，创造财富的无产阶级和劳动人民却要遭受环境污染的折磨。因此，在马克思、恩格斯那里，态度鲜明地存在着一个"环境无产阶级"（the environmental proletariat）② 的价值取向问题。只有在社会主义条件下，良好的生态环境才能成为人民群众的共有财富，这样，才能将物的现代化、生态现代化、人的现代化统一起来。

　　将建设人与自然和谐共生的现代化与人的全面发展统一起来，要求我们必须大力满足人的全面性需要。人的需要是社会发展的原动力，也是现代化的原动力。实现人的全面发展必须满足人的全面性需要。党的十九大提出，我们要建设的现代化是人与自然和谐共生的现代化，既要创造更多物质财富和精神财富以满足人民日益增长的美好生活需要，也要提供更多优质生态产品以满足人民日益增长的优美生态环境需要。因此，建设人与自然和谐共生的现代化，起码具有双重的目标和追求：一是大力满足人民群众的美好生活需要；二是大力满足人民群众的优美生态环境需要。前者

---

① 德赖泽克. 地球政治学：环境话语. 蔺雪春，郭晨星，译. 济南：山东大学出版社，2008：200.

② John Bellamy Foster. Engels's dialectics of nature in the Anthropocene. Monthly review，2020（6）.

又至少包括物质财富和精神财富的生产和供给两个方面；后者是在生态环境需要基础上的进一步提升，不仅在数量上要求提供更多的生态产品和生态财富，而且在质量上要求提供优质的生态产品和生态服务。在新时代的中国，优美生态环境需要是美好生活需要的生态表现和生态表征。在这个意义上，我们不能将建设人与自然和谐共生的现代化归结为生态现代化，后者的目标只是满足人的优美生态环境需要。我们应该将生态现代化看作建设人与自然和谐共生现代化的一个方面。人与自然和谐共生的现代化的目标是，既满足人的物质需要和精神需要，又满足人的生态环境需要。

因此，在价值取向和最终目标上，建设人与自然和谐共生的现代化就是要在满足人民群众物质需要和精神需要的同时，通过现代化建设创造更多优质生态产品和提供更多更好的生态服务来满足人民群众的优美生态环境需要，最终实现人的全面发展。

总之，生态化对于整个现代化具有规范和规约、导向和导引的作用。建设人与自然和谐共生的现代化，就是要实现"生态化的现代化"和"现代化的生态化"的统一。对于中国来说，就是要实现"现代化的中国的永续性"和"生态化的中国的现代性"的统一。要之，正如党的二十大报告指出的那样，促进人与自然和谐共生是中国式现代化的本质要求之一。

第五章

建设人与自然和谐共生现代化的基础工程

　　社会存在和社会发展须臾不可离开自然。"全部人类历史的第一个前提无疑是有生命的个人的存在。因此，第一个需要确认的事实就是这些个人的肉体组织以及由此产生的个人对其他自然的关系。……任何历史记载都应当从这些自然基础以及它们在历史进程中由于人们的活动而发生的变更出发。"① 同样，建设人与自然和谐共生的现代化必须从这些自然基础以及它们在历史进程中由于人们的活动而发生的变化开始。党的十九届五中全会从"加快推动绿色低碳发展""持续改善环境质量""提升生态系统质量和稳定性""全面提高资源利用效率"四个方面，部署了"十四五"时期我国建设人与自然和谐共生的现代化的任务。党的二十大从"加快发展方式绿色转型""深入推进环境污染防治""提升生态系统多样性、稳定性、持续性""积极稳妥推进碳达峰碳中和"四个方面提出了促进人与自然和谐共生的战略部署。综合上述思路，我们应该将建设人与自然和谐共生现代化的基础领域扩展至维护整个自然物质条件的可持续性上。

第一节
实施人口绿色发展计划

　　人口是最为基本的自然条件。为了有效应对老龄化的挑战，我国现在

---

　　① 　马克思，恩格斯. 马克思恩格斯文集：第 1 卷. 北京：人民出版社，2009：519.

已经开始全面实施一对夫妻可以生育三个子女政策，但这并不意味着要放弃计划生育基本国策，并不意味着放弃人口绿色发展或人口可持续发展。目前，我国总人口已经超过 14 亿。北京、上海主城区人口密度都在每平方公里 2 万人以上，东京和纽约等世界超大城市人口密度却只有每平方公里 1.3 万人左右。因此，我们必须高度注意人口因素对生态环境的负面影响，将人口长期均衡发展和绿色低碳循环发展有效对接起来，大力"实施人口绿色发展计划，积极应对人口与资源环境的紧张矛盾，增强人口承载能力"①。人口绿色发展的目的是促进经济社会发展与人口资源环境相协调。因此，我们要"把促进人口长期均衡发展摆在全党全国工作大局、现代化建设全局中谋划部署，兼顾多重政策目标，统筹考虑人口数量、素质、结构、分布等问题，促进人口与经济、社会、资源、环境协调可持续发展，促进人的全面发展"②。人口绿色发展计划是人口均衡发展国家战略的内在要求和组成部分，是建设人与自然和谐共生现代化的重要课题和重要任务。

一、实施人口绿色发展计划的依据

人口绿色发展计划的核心是促进经济社会发展与人口资源环境相协调。这是实现可持续发展的基本要求，是建设人与自然和谐共生现代化的重要任务。

调节人自身的生产是社会调节的基本形式。与地理环境一样，人口是

---

① 国家人口发展规划（2016—2030 年）. (2017 - 01 - 25) [2021 - 12 - 03]. http：//www.gov.cn/zhengce/content/2017-01/25/content_5163309.htm.

② 中共中央国务院关于优化生育政策促进人口长期均衡发展的决定. 人民日报, 2021 - 07 - 21 (1).

社会存在的重要构成要素。恩格斯指出，根据唯物主义观点，历史中的决定性因素，归根结底是直接生活的生产和再生产。生产至少包括物质生产和人自身生产两种形式。前者是生活资料即食物、衣服、住房以及为此所必需的工具的生产；后者即种的繁衍。一定历史时代和一定地区内的人们生活于其下的社会制度，受着两种生产的制约。人自身生产也是社会发展的造因力量，对社会结构的各个领域和社会进步的各个阶段具有重要影响。人自身生产要受到一系列自然条件和社会条件的制约和影响。这样，"人类数量增多到必须为其增长规定一个限度的这种抽象可能性当然是存在的。但是，如果说共产主义社会在将来某个时候不得不像已经对物的生产进行调节那样，同时也对人的生产进行调节，那么正是这个社会，而且只有这个社会才能无困难地做到这点"①。因此，我们必须努力促进经济社会发展与人口资源环境相协调。

　　人口可持续性是影响可持续发展的基础性变量之一。1972 年，通过采用系统动力学的方法，罗马俱乐部在其报告《增长的极限》中提出了一个由人口、经济、粮食、土地和污染等因素构成的世界系统模型。通过计算发现，无限制的人口和经济的增长会与有限制的粮食和土地发生冲突，并将加剧环境污染。尽管这一模型存在简单化的问题，却揭示出了人口是可持续发展的关键变量。其中，生态足迹是估计要承载一定生活质量的人口所需要的资源总量和能够消纳人为废弃物排放的环境容量的指标。目前，我国生态足迹已经达到生态承载力的 2.2 倍，即我们需要 2.2 倍的现有的国土面积才能养活目前的 14 亿多人口。

---

　　① 马克思，恩格斯. 马克思恩格斯文集：第 10 卷. 北京：人民出版社，2009：455.

总之，我们必须继续坚持和完善计划生育的基本国策，大力实施人口绿色发展计划。这样，才能在确保人口可持续性的前提下，实现可持续发展，促进人的全面发展。

二、实施人口绿色发展计划的要求

实现人口绿色发展必须统筹人口自身的数量、素质、结构、分布等问题，努力实现人口的可持续发展。

保持适度的人口总量。在资源有限的地球上，人口问题首先是量的控制问题。如果不能保持适度的人口总量，那么，不仅会加重经济社会负担，而且会加剧资源、能源、环境、生态等方面的压力。因此，从我国的生态环境承载能力出发，考虑到我国的生态足迹，我们必须坚持和完善计划生育政策，保持人口的适度、稳定、持续增长。

打造优良的人口素质。目前，我国依然是一个人口资源大国而非人力资本强国。通过加大教育支出和保健支出的方式，可以有效地将人力资源转化为人力资本。从舒尔茨的人力资本理论来看，重视人力资本投资的东亚现代化比重视货币资本投资的拉美现代化更有助于保证现代化的公平性和持续性。教育和卫生是投资人力资源的基本途径和方式。因此，我们必须继续坚定实施科教兴国战略、人才强国战略、健康中国战略，始终把教育和卫生摆在优先发展的战略位置，坚持教育事业和卫生事业的人民性和公共性，不断扩大教育和卫生的投入，推动教育和卫生的公平发展和创新发展，努力让14亿多人民享有更好更公平更持续的教育服务和卫生服务。这样，才能切实提高我国人口的科学文化素质和身体健康素质。

形成合理的人口结构和人口分布。正常的人口结构是指人口在地理、性别、年龄等层次上都具有适当的比例关系。"如果一个城市过度集中产业、过分拓展功能，人口就会过度集聚，就会占用更多农田和生态用地。一旦人口和经济规模超出水资源承载力，就不得不超采地下水或者从其他地区调水。当生态空间和建设空间比例失调时，环境容量就不可避免变少，污染就必然加重。"① 因此，在地理分布上，我们要注意特大城市和生态脆弱地区人口增长的自然物质条件的承载能力。在性别分布上，我们必须促进性别公正，保持合理的性别比例，尤其是要保护弱势女性和女童的各项权益，促进女童健康全面发展。在年龄分布上，要积极有效地应对老龄化的挑战。国家应该划拨国有资产和国有资本用于支持养老事业，应该适度补偿执行计划生育政策家庭尤其是失独家庭为执行计划生育政策付出的代价，国有企业必须承担起应有的支持全国养老事业发展的社会责任。在产业分布上，要有序引导农业人口向工业人口、服务业人口的转移。在人口的知识结构上，尤其是要注意提高生产一线劳动者、农民工的科技文化水平和实际工作能力。

总之，我们要按照自然界客观存在的生态阈值和环境阈值以及社会经济发展的具体条件，合理安排人口的增长及其结构。

三、实施人口绿色发展计划的举措

我们要看到："今后一个时期，我国人口众多的基本国情不会改变，人口与资源环境承载力仍然处于紧平衡状态，脱贫地区以及一些生态脆

① 中共中央文献研究室. 习近平关于社会主义生态文明建设论述摘编. 北京：中央文献出版社，2017：66.

弱、资源匮乏地区人口与发展矛盾仍然比较突出。"① 因此，我们必须注重解决人口与资源、环境、生态相适应的问题。

制定和完善与主体功能区相配套的人口政策。不同地区有不同的自然禀赋，不同的自然禀赋支撑不同的人口数量和结构。因此，我们要统筹考虑国家战略意图和区域资源禀赋，在开展资源环境承载能力评价的基础上，科学确定不同主体功能区可承载的人口数量、结构，实行差别化人口调节政策。对人居环境适宜和资源环境承载力不超载的地区，重视提高人口城镇化质量，培育人口集聚的空间载体，引导产业集聚，增强人口吸纳能力。对人居环境临界适宜的地区，基本稳定人口规模，鼓励人口向重点市镇收缩集聚。对人居环境不适宜的地区，实施限制人口迁入政策，有序推进生态移民。

促进人口与资源环境协调发展。实施人口绿色发展计划，必须积极应对人口与资源环境的紧张关系，增强人口承载能力。一是要合理降低人口密度。为了缓解大城市的资源、环境、生态、卫生防疫等方面的压力，我们要通过城市组团发展的方式降低其人口密度。二是合理控制人口流向。我们要充分考虑"胡焕庸线"的客观制约作用，通过共享发展的方式实现大、中、小城市人口结构的均衡分布。对于广大的中西部地区和农村地区来说，关键是要引导技术、财富、信息、网络、人才等要素的流入，而不是人口数量的简单流出。各级党委和政府要积极联系农村和对接企业，引导农民工合理流动，有效避免农民工盲目流动带来的社会经济、生态环境、卫生防疫等方面的压力。三是降低人口活动频率。我们要通过发展

---

① 中共中央国务院关于优化生育政策促进人口长期均衡发展的决定. 人民日报, 2021-07-21 (1).

"轻型经济"的方式，通过"就地工业化"和"就地市民化"的方式，减少人类活动对自然空间的占用，减少人类活动对生态系统的影响。这样，才能保证可持续发展。

当然，实施人口绿色发展计划是一项复杂的社会系统工程。我们必须从大生态系统的高度考虑人口发展问题，也要考虑到全球人口发展态势对我国人口增长的影响。

总之，"我国现代化是人口规模巨大的现代化"①。因此，我们既要优化人口结构，又要提升人口素质，实施人口绿色发展计划。实施这一计划的目标是建设一个人口均衡型的社会。这是建设人与自然和谐共生现代化的基本目标和基础工程。按照党的二十大精神，我们要通过优化人口发展战略，推动实现人口规模巨大的现代化。

┃ 第二节 ┃
全面提高资源利用效率

资源是影响可持续发展的基础性的自然变量之一。建设人与自然和谐共生的现代化必须从资源使用这个源头抓起，坚持节约资源的基本国策，

---

① 习近平. 把握新发展阶段，贯彻新发展理念，构建新发展格局. 求是，2021（9）.

建设资源节约型社会。党的十九届五中全会将"全面提高资源利用效率"作为建设人与自然和谐共生的现代化的主要任务之一，为保持资源可持续性指明了方向。党的二十大要求实施全面节约战略。只有全面提高资源利用效率，才能实现全面节约。

一、全面提高资源利用效率的依据

全面提高资源利用效率，对于建设人与自然和谐共生的现代化具有重大的意义和价值。

资源的可持续性质和特点。自然资源是生产资料和生活资料的基本来源。人类对资源的需要具有无限性，但是，在一定的时空条件下，自然资源满足人类需要的可能性和现实性都是有限的。习近平指出："人类追求发展的需求和地球资源的有限供给是一对永恒的矛盾。"[①] 首先，这是由地球系统本身的有限性决定的。宇宙是无限的，但是，地球是有限的。即使地球是无限的，但是，地球提供的资源是有限的。即使资源是无限的，但是，资源的可利用的方面是有限的。其次，按照其物理化学性质，资源存在不可再生（不可更新）和可再生（可更新）两种类型。前者总是存在一定阈值，总会出现耗竭，人们不可能无限地开发和利用它。后者可再生的速度是由科技进步决定的。在不具备相应的科技条件下，无限制地开发和利用它也会导致资源耗竭。

我国资源的天然缺陷和现实约束。从资源总量看，我国是一个资源大国，但从人均资源占有量看，我国是一个"资源小国"。我国各类自然资

---

① 习近平. 之江新语. 杭州：浙江人民出版社，2007：118.

源的人均占有量远低于世界平均水平。"2017 年，我国耕地保有量居世界第三位，但人均耕地面积不足 1.5 亩，不到世界平均水平的 1/2；2019 年，我国人均水资源量 2 048 立方米，约为世界平均水平的 1/4，且时空分布极不平衡；油气、铁、铜等大宗矿产人均储量远低于世界平均水平，对外依存度高；人均森林面积仅为世界平均水平的 1/5。"① 这对我国国民经济和社会发展构成了一种天然限制。同时，一段时期内，受机械发展观的影响，我们片面追求增长的数量和速度，导致资源需求量不断攀升。由于国内资源储量和储备难以满足这些需要，最终导致我国资源的对外依存度不断提高。例如，据中国石油新闻中心 2020 年 5 月 25 日的报道，我国原油对外依存度近 70％，天然气对外依存度超过 40％。

根据上述情况，我们必须坚持节约资源的基本国策，实施全面节约战略，全面提高资源利用效率。

二、全面提高资源利用效率的要求

按照党的十九届五中全会和党的二十大精神，在"十四五"时期，全面提高资源利用效率至少要做好以下三个方面的工作：

1. 建立生态产品价值实现机制

现在，优美生态环境需要已经成为人民群众美好生活需要的重要构成方面，我们必须生产和提供更多更优的生态产品来满足这一需要。生态产品是保障人类生存发展所必需的产品。从自然界对人的价值来看，它是指维系生态安全、保障生态调节功能、提供良好人居环境的自然要素。从人

---

① 陆昊. 全面提高资源利用效率. 人民日报，2021－01－15（9）.

对自然界的依赖来看，它是满足人的生态环境需要的产品。生态环境需要是人类从自然界获取资源能源的需要、将排泄物和废弃物排放回自然界的需要的总和。从其表现来看，它包括清新的空气、清澈的水源、清洁的土壤、宜人的气候、迷人的环境等。

生态产品属于公共产品，必须将提供生态产品作为服务型政府的重要职能。生态环境保护、生态环境修复、生态环境建设都可以增强自然资本实力，是生产和供给生态产品的基本方式。因此，政府应该将绿色投资作为公共财政的重点，加大向生态环境保护、修复、建设的投入，加大向生态环境基础设施建设的投入。同时，政府要通过财政转移支付的方式，加大生态补偿的力度。此外，我们要统筹绿色投入、传统基础设施投入、新型基础设施建设投入，要统筹生态产品和绿色产品的生产和供给。这样，才能有效实现生态产品的价值。

2. 坚持节约资源的基本国策

根据我国面临的资源压力和挑战，我们要切实全面提高资源利用效率。

我们要严格遵循资源利用上线硬约束，合理安排各类资源的开发利用。在能源方面，我们要有效落实节能优先方针，坚决控制能源消费总量，把节能贯穿于现代化全过程和各领域，坚持调整和优化产业结构和能源结构，加快形成能源节约型社会。目前，尤其是要严格限制高耗能产业的发展，提高企业和城市的能效。在水资源方面，我们要实施国家节水行动，建立水资源刚性约束制度，落实最严格的水资源管理制度，完善水价形成机制，鼓励再生水利用，推进节水型产业、节水型城市和节水型社会建设。目前，对水资源短缺地区要实行更严格的产业准入、取用水定额控制等政策。在土地资源方面，我们要加强土地节约集约利用。目前，我们要严守耕地红线和永久基本农田控制线，提高建设用地的效率，开展工矿废弃土地恢复利用，推动土地复合利用、立体开发，加强土地节约型社会建设。在矿产资源方面，我们要加强矿产资源勘查、保护、合理开发，提高矿产资源勘查、合理开采和综合利用水平，大力发展绿色矿业，加快推进绿色矿山建设，加强节矿型社会建设。

3. 构建资源循环利用体系

在生活领域，我们要推进绿色包装，减少使用一次性用品，严格禁止洋垃圾进口，严密防控垃圾焚烧、对二甲苯（PX）等重点领域生态环境风险，普遍推行分类投放、分类收集、分类运输、分类处理的垃圾处理系统，实现垃圾减量化、资源化、无害化处理。

在生产领域，按照全生命周期理念，我们要加强产品的绿色设计，加强固体废物回收利用管理，促进生产、流通、消费过程的减量化、再利用、资源化，大力发展循环经济，实现自然生态系统和社会经济系统的良性循环。目前，要严格控制高耗能、高耗材、高耗水产业的发展，坚决淘汰严重耗费资源和污染环境的落后生产能力，大力发展循环农业和循环工业。

总之，我们要加强全过程节约管理，大幅降低自然资源消耗强度，大力发展循环经济，促进生产、流通、消费过程的减量化、再利用、资源化。

三、全面提高资源利用效率的举措

围绕全面提高资源利用效率、建设资源节约型社会，我们要重点做好以下工作：

建立和完善全面提高资源利用效率的政策体系。按照节约优先的方针，我们要健全自然资源资产产权制度和法律法规，加强自然资源调查评价监测和确权登记，推进资源总量管理、科学配置、全面节约、循环利用。同时，"在社会主义市场经济条件下，在以信息技术、新能源、新材料、生物工程等高新技术引领科技潮流的背景下，我们建设节约型社会，更要以推进创新型国家建设为契机，通过科技创新来降低生产、消费、流通等各个领域的资源消耗"①。因此，我们要将推进节约技术创新作为国家科技政策的重要方向。此外，我们要加强整个资源领域的法治，制定和完善新的自然资源法律体系。

建立和完善全面提高资源利用效率的经济体系。我们要将节约型国民经济体系作为生态经济体系的重要组成部分。党中央和国务院提出："大力发展节能环保产业、清洁生产产业、清洁能源产业，加强科技创新引领，着力引导绿色消费，大力提高节能、环保、资源循环利用等绿色产业技术装备水平，培育发展一批骨干企业。"② 为此，我们要大力开发、推广节能技术和产品，开展重大技术示范。加快发展节能环保产业，全面节约能源资源。要建立水效标识制度，推广节水技术和产品。要推广应用节地技术和模式。要支持矿山企业技术和工艺改造，提高资源利用效率。

建立和完善全面提高资源利用效率的价格体系。按照"绿水青山就是金山银山"的科学理念，我们要按照自然资本的理念推动资源产品的价格改革。我们要"通过深化改革和制度创新，把节约资源转化为发展的动力和内在的约束，使节约者在市场竞争中获得更多的利益和机会，使浪费者付出更大的成本和代价"③。为了全面反映市场供求、资源稀缺程度、生态

---

① 习近平. 之江新语. 杭州：浙江人民出版社，2007：169.
② 中共中央国务院关于全面加强生态环境保护 坚决打好污染防治攻坚战的意见. 人民日报，2018-06-25（1）.
③ 习近平. 之江新语. 杭州：浙江人民出版社，2007：172.

环境损害成本和修复效益，我们要完善资源产品价格机制，加快自然资源及其产品价格改革。同时，我们要逐步将资源税扩展到占用各种自然生态空间，落实相关税收优惠政策。

建立和完善全面提高资源利用效率的生活体系。我国自古就有节俭、节约的美德，讲究开采和利用自然资源要"取之有时""取之有度""用之有节"，反对"竭泽而渔""杀鸡取卵""斩尽杀绝"。但是，由于受西方消费主义的影响，高消费在我国一度大为流行。这不仅浪费了自然资源，而且败坏了社会风气。因此，在遵循熵定律的基础上，我们要在全社会大力弘扬和践行节约意识和节约美德，树立节约集约循环利用的资源观，实施全民节约行动计划，将节约资源、垃圾分类投放纳入爱国卫生运动当中，使其成为社会主流价值。

显然，全面提高资源利用效率是一场关系到建设人与自然和谐共生现代化的社会革命，是建设人与自然和谐共生现代化的基础工程之一。

第三节
持续改善生态环境质量

环境是重要的自然物质条件。面对日益严重的环境污染，党的十八大以来，在总结以往治污经验的基础上，在习近平生态文明思想的指导下，我国发起了污染防治攻坚战，我国生态环境保护发生了历史性、转折性、全局性变化。现在，我国生态文明建设正处于压力叠加、负重前行的关键期，进入到了提供更多优质生态产品以满足人民日益增长的优美生态环境需要的攻坚期，到了有条件有能力解决突出生态环境问题的窗口期。在这种情况下，党的十九届五中全会将"持续改善环境质量"作为建设人与自然和谐共生的现代化的基本任务之一。党的二十大提出了深入推进环境污染防治的要求。深入推进环境污染防治的直接目的就是持续改善生态环境质量，为人民群众提供蓝天、碧水、净土。

一、持续改善生态环境质量的依据

为了推动实现人与自然和谐共生，在打好污染防治攻坚战的基础上，我们必须持续改善生态环境质量。

遵循生态环境阈值的科学选择。良好的生态环境是经济社会持续发展和人类生存质量不断提高的重要基础。人与生态环境之间具有一种内在的有机的关系，人类的行为必须遵循生态环境的客观规律，尤其是人类行为不能超出生态环境阈值。生态环境阈值，即生态环境容量，是指某一生态环境区域的承载能力、涵容能力、自净能力的最大极限。如果人类活动超过了生态环境的最大容纳量，那么，生态环境的功能就会遭到严重破坏，最终会影响到人类的存在和发展。以水资源安全形势为例，"形成今天水安全严峻形势的因素很多，根子上是长期以来对经济规律、自然规律、生态规律认识不够、把握失当。把水当作取之不尽用之不竭、无限供给的资源，把水看作是服从于增长的无价资源，只考虑增长，不考虑水约束，没有认识到水是生态要素，没有看到水资源、水生态、水环境的承载能力是有限的，是有不可抗拒的物理极限的"①。因此，我们必须加强生态环境治理，努力建设环境友好型社会。

改善我国生态环境状况的必然选择。由于受机械发展观的影响，一段时间内，我国环境污染发展到了触目惊心的地步，付出了一定程度的代价。因此，我国将污染防治攻坚战作为在人与自然关系领域中发起的伟大斗争，相继制定、出台和实施大气、水、土壤污染防治行动计划。2018 年召开的全国生态环境保护大会要求我们"坚决打好污染防治攻坚战"。现在，我们已经完成了"十三五"规划纲要确定的九项生态环境约束性指标和污染防治攻坚战的阶段性目标，但生态环境保护面临的结构性、根源性、趋势性压力总体上尚未根本缓解。因此，党的十九届五中全会提出了"深入打好污染防治攻坚战"的要求。如果说"坚决"表明的是我们防治污染的决心和意志，彰显的是我们敢于斗争的勇气，那么，"深入"表明的是我们防治污染的坚持和坚守，彰显的是我们善于斗争的智慧。如果说"坚决"突显的是"运动式"治理在防治污染中的作用，突出的是治污的应急性和时效性，那么，"深入"突显的是"常态化"治理在防治污染中的作用，突出的是治污的日常性和实效性。如果说"坚决"突出的是行政手段在防治污染中的作用，彰显的是中央环保督察等制度优势的价值，那么，"深入"突出的是综合手段在防治污染中的作用，彰显的是党的领导下的"组合拳"的作用。如果说"坚决"强调的是从控制污染物的量变入手防治污染的思路和对策，要求将发展维持在生态阈值的范围当中，那么，"深入"强调的是在数量控制基础上的质量控制，要求将"持续改善

① 中共中央文献研究室. 习近平关于社会主义生态文明建设论述摘编. 北京：中央文献出版社，2017：54.

环境质量"和"提升生态系统质量和稳定性"嵌入发展当中。要之，从"坚决"到"深入"的转变，突出了高质量生态环境保护的要求。

总之，只有持续改善生态环境质量，才有可能建设好环境友好型社会，为建设人与自然和谐共生的现代化提供适宜的生态环境。

二、持续改善生态环境质量的要求

生态环境是一个有机系统，各种环境污染存在复杂关联，污染之间的叠加会形成整体效应，因此，持续改善生态环境质量必须统筹各种生态环境治理，按照系统工程的方式打好污染防治攻坚战。

构筑水生态文明建设系统。水是生命之源。在自然系统中，河流、湖泊、海洋，地表水和地下水，岸上和水里等共同构成全球水循环系统，各类水体污染具有传递和扩散效应。在任何一个地理单元中，莫不如此。在现实中，仍然存在着"九龙治水"的问题。因此，我们必须统筹推进各类水体污染治理，统筹江河湖海水污染治理，统筹地下水和地表水污染治理，统筹岸上和水里污染治理，统筹生产污水治理和生活污水治理。在此基础上，要统筹推进水资源管理、水污染防治、水环境治理、水生态修复、水安全保障、水工程管护、水科技进步、水文化建设、水制度建设，构筑水生态文明建设系统。在生态环境部门、自然资源部门、水利（水务）部门之间要建立和健全对话和协商机制，要扩展河长制、湖长制的工作内涵和工作范围，完善河长制和湖长制。

建立和完善气、水、土污染防治的协调机制。现在，考虑到气圈、水圈、土圈具有内在的关联，气污染、水污染、土污染具有复杂的相互影响，国家应该形成统筹气、水、土污染防治的协调机制，从气污染、水污染、土污染相互影响的角度入手推进污染防治，避免出现分而治之的问题，形成整体治理的态势和合力。在此基础上，打好污染防治攻坚战重点是要打好以下三场战役：第一，坚决打赢蓝天保卫战。在整个污染防治攻坚战中，坚决打赢蓝天保卫战是重中之重，我们要延续大气污染防治行动计划的政策思路，以空气质量明显改善为刚性要求，强化联防联控，基本消除重污染天气，还老百姓蓝天白云、繁星闪烁。第二，着力打好碧水保卫战。目前，重点是推动落实长江经济带共抓大保护、不搞大开发，推动黄河流域生态保护和高质量发展，保护好饮用水水源地、整治城市黑臭水体。为此，我们要按照水污染防治行动计划的政策思路，保障饮用水安全，基本消灭城市黑臭水体，还给老百姓清水绿岸、鱼翔浅底的景象。同时，要深入实施新修改的《水污染防治法》。第三，扎实推进净土保卫战。我们要按照土壤污染防治行动计划的政策思路，突出重点区域、行业和污染物，强化土壤污染管控和修复，有效防范风险，让老百姓吃得放心、住得安心。此外，要持续开展农村人居环境整治行动，打造美丽乡村，为老百姓留住鸟语花香田园风光。目前，要以重金属污染突出区域农用地以及拟开发为居住和商业等公共设施的污染地块为重点，加强土壤污染治理。总之，抓好空气、水体、土壤污染的防治，切实解决影响人民群众健康的突出环境问题，是我们目前打好污染防治攻坚战的重点。在此基础上，我们要形成环境污染整体治理的态势和合力。

建立和完善统筹陆海空生态环境治理的协调机制。陆海空是不可分割的整体。随着地球上资源能源枯竭的加剧，海洋将成为人类未来获取资源能源的重要来源。但是，现在陆地污染成为导致和加剧海洋污染的重要因素。同时，人类活动频率的加快和活动范围的扩展，将导致和加剧地球空间污染，最终势必会影响到陆地和海洋的生态环境安全。在这种情况下，在加强海洋生态文明建设的同时，国家应该统筹陆海空生态文明建设，形成统筹陆海空空间开发和资源开发的机制,利用现代科技手段建立立体的全方位的陆海空污染监测和预警机制,从整体上预防和治理陆海空环境污染。

此外,为了有效应对全球气候变暖,顺利实现碳达峰、碳中和的目标,我们要建立和完善统筹推进一氧化碳防治和二氧化碳防治的协调机制,坚持降碳、减污、扩绿、增长协同增效。

在总体上,我们必须完善统筹推进江河湖海、地上地下、岸上和水里、气水土、陆海空等方面的生态环境治理的机制,完善统筹推进一氧化碳防治和二氧化碳防治的机制,形成统筹推进各类污染治理的协调机制。

三、持续改善生态环境质量的举措

打好污染防治攻坚战、持续改善生态环境质量是当前一项重大的政治任务,必须不断强化生态环境保护和生态环境治理的各种保障机制。

城乡之间、区域之间、流域之间是地理空间上不可分割的单位,污染能够在不同的地理单元上扩散和集聚,因此,在坚持共同富裕和共享发展的过程中,必须形成统筹推进城乡之间、区域之间、流域之间的生态环境治理的机制。

第一,统筹推进城乡之间的生态环境治理。在城市,要促进污染物和废弃物的再生化、资源化、循环化,在减少向农村排污的同时,促进城乡之间物质变换的动态平衡。在农村,要加强生态农业建设和美丽乡村建设,加大绿色农产品的供给,减少废弃物的产生和降低环境污染程度。城乡治污应该形成联动机制。

第二,统筹推进区域之间的生态环境治理。针对地方本位主义导致的生态环境治理不力的问题,不同区域之间应该加强生态环境信息尤其是污染信息的通报,全方位、全天候、全过程地监测和预警污染在区域之间的扩散和走向，通过协同攻关的方式加强污染治理，形成联防联控的机制。

第三，统筹推进流域之间的生态环境治理。"治好'长江病'，要科学运用中医整体观，追根溯源、诊断病因、找准病根、分类施策、系统治疗。这要作为长江经济带共抓大保护、不搞大开发的先手棋。"① 大江大河自成为一个系统，我们要按照中医整体观统筹推进上下游、左右岸、干支流的生态环境治理。上游要加强源头治理，加强生态涵养；中游要疏通河道，退耕还湖，加强污染治理；下游要加强三角洲湿地生态环境保护，保证江河水的流向。

为了统筹推进城乡之间、区域之间、流域之间的生态环境治理，国家必须加强政策创新和政策保障。

第一，在投入方向上，公共财政投入要从市场竞争领域中退出来，让市场通过自身的方式加以解决。在确保公共财政的公共性方向的前提下，政府应该加大生态环境治理方面的投入，加强纵向生态补偿，促进形成城乡之间、区域之间、流域之间生态环境治理的协同机制。尤其是，要将牺牲自身利益较多的地方、区域作为投入和补偿的重点。

第二，在机构设置上，党中央和国务院应该督办区域、流域生态环境治理机构的设立和运行，将相关事项纳入中央环保督察工作当中，通过政绩考核、行政问责的方式大力破除部门本位主义、地方本位主义的藩篱。

第三，在行动力量上，在保证企业经济效益的前提下，要调动和发挥国有企业尤其是大中型国有企业在统筹推进城乡之间、区域之间、流域之间生态环境治理中的作用。要鼓励和支持人民团体、社会团体参与跨城

---

① 习近平. 在深入推动长江经济带发展座谈会上的讲话. 人民日报，2018－06－14（2）.

乡、跨区域、全流域的生态环境公益诉讼。应该欢迎和鼓励记者、律师等特殊行业批评和监督跨城乡、跨区域、全流域的生态环境问题。最终，应该形成全民动员的局面。

第四，在投入和补偿的资金来源上，政府应该鼓励和支持相关方面按照政府和社会资本合作（PPP）方式融资，加强向跨城乡、跨区域、全流域的生态环境治理的投入。在实行纵向生态补偿的同时，通过计算生态产品和生态服务的价值，形成横向生态补偿的机制，推动跨城乡、跨区域、全流域的生态环境治理。

此外，在国际层面上，要形成统筹推进国内外生态环境治理的机制。在总体上，我们必须完善统筹推进城乡、区域、流域、国内外生态环境治理的机制。

综上，深入打好污染防治攻坚战，持续改善生态环境质量，建设环境友好型社会，是保持环境可持续性的必然选择，是建设人与自然和谐共生现代化的基础工程之一。

| 第四节 |

提升生态系统多样性、稳定性、持续性

生态系统是重要的自然物质条件。其多样性、稳定性、持续性如何，直接关系到防范生态环境风险、维护生态环境安全是否成功。因此，党的十九届五中全会将"提升生态系统质量和稳定性"作为建设人与自然和谐共生的现代化的基本任务之一。党的二十大进一步提出，要提升生态系统多样性、稳定性、持续性。

一、提升生态系统多样性、稳定性、持续性的依据

提升生态系统多样性、稳定性、持续性，是建设人与自然和谐共生现代化的重要任务和重要课题。

提升生态系统多样性、稳定性、持续性的战略依据。随着新科技革命和全球化的发展，人类社会已经进入到风险社会或风险时代。"风险的概念因此刻画出了安全与毁坏之间的一种特有的、中间的状态，这种状态下对具有威胁性的风险的**认识**决定了思想和行为。"① 风险具有多重性或多面性，生态环境风险是其中的一种重要类型。在严格意义上，生态风险和环境风险是两种不同的风险。生态风险是指生态系统退化和恶化带来的风险；环境风险是指环境污染和破坏引发和带来的风险。由于生态风险和环境风险存在复杂的关联性，因此，可以将二者合称为生态环境风险。其他领域和类型的风险会引发和加剧生态环境风险。例如，新冠肺炎疫情将生态风险、环境风险、生物风险等风险嵌套到了一起。显然，我们现在面对的风险是一种总体风险，我们需要的安全是一种总体安全。这充分证明，生态环境安全是国家安全的重要组成部分，是经济社会持续健康发展的重要保障。因此，提升生态系统多样性、稳定性、持续性，是贯彻落实总体

---

① 贝克. 世界风险社会. 吴英姿，孙淑敏，译. 南京：南京大学出版社，2004：175.

国家安全观、走出一条中国特色安全道路的题中应有之义。

提升生态系统多样性、稳定性、持续性的科学依据。生态环境系统的失衡会带来严重的生态环境风险，必须按照恢复生态学的原理和方法，对生态环境系统进行生态恢复或生态修复甚至是生态重建、生态改建。20 世纪 70—80 年代以来，以那些在自然灾变和人为破坏下受到破坏的自然生态景观的恢复、重建、改建等问题为研究对象，恢复生态学发展成为一门现代应用生态学。恢复生态学的实质就是生态建设工程，是生产和提供生态产品和生态服务的重要方式。在恢复生态学看来，恢复是将受害生态系统从远离初始状态的方向推移回到初始状态，这是维护原初自然的方法。重建是对生态系统的现有状态进行改善，这是实现人化自然的方法。改建是将恢复和重建措施有机地结合起来，这是实现人工自然的方法。针对我国存在的生态环境风险，按照"绿水青山就是金山银山"的科学理念，我们党提出："只有恢复绿水青山，才能使绿水青山变成金山银山。"① 在生态恢复实践方面，我们要坚持自然修复与人工治理相结合，以自然修复为主，做好天然林保护、退耕还林、退牧还草、封山育林、人工造林和小流域综合治理，恢复受损植被。这样，就明确了恢复生态学和生态恢复工作在社会主义生态文明建设中的重要地位。因此，提升生态系统多样性、稳定性、持续性，是恢复生态学在生态文明建设中的创造性运用和发展。

总之，只有提升生态系统多样性、稳定性、持续性，才能为建设人与自然和谐共生的现代化提供持续的、稳定的生态保障和支撑。

---

① 中央经济工作会议在北京举行. 人民日报，2017－12－21（1）.

二、提升生态系统多样性、稳定性、持续性的要求

提升生态系统多样性、稳定性、持续性，就是要全面提升各种自然生态系统的稳定性和生态服务功能，切实做好生态保护工作。

构建以国家公园为主体的自然保护地体系。自然保护地是指受保护的自然区域，包括国家公园、自然保护区、自然公园、地质公园等多种类型。党的十八大以来，我国开始施行以国家公园为主体的自然保护地体系。国家公园是指由国家批准设立并主导管理，边界清晰，以保护具有国家代表性的大面积自然生态系统为主要目的，实现自然资源科学保护和合理利用的特定陆地或海洋区域。"中国实行国家公园体制，目的是保持自然生态系统的原真性和完整性，保护生物多样性，保护生态安全屏障，给子孙后代留下珍贵的自然资产。"① 党的十九届五中全会再次强调了这一点。目前，应该做好以下工作：一是要按照习近平提出的坚持山水林田湖草沙冰一体化保护和系统治理的科学方法论要求，改革各部门分头设置自然保护区、风景名胜区、文化自然遗产、地质公园、森林公园等体制，按照系统工程的方式推进国家公园建设，建立和完善中国特色的自然保护地体系。二是要坚持生态保护第一、国家代表性、全民公益性的国家公园理念，坚持自然资源国家所有、全民共享、世代传承，将国家公园建设同巩固脱贫攻坚成果统一起来、同全面振兴乡村统一起来，严格防范资本逻辑的入侵，坚持国家公园的社会主义性质和人民性方向。三是要坚持科技创新和制度创新的统一，运用最新科学成果和科技手段推进国家公园建设，

---

① 习近平致信祝贺第一届国家公园论坛开幕强调 为携手创造世界生态文明美好未来 推动构建人类命运共同体作出贡献 . 人民日报，2019－08－20（1）.

科学认识自然保护的规律；加强对国家公园建设的投入；研究和制定自然保护地法、国家公园法，运用法治思维和法治手段推进国家公园建设和自然保护。

实施生物多样性保护重大工程。生物多样性丧失是一个严重的全球性问题。"生物多样性关系人类福祉，是人类赖以生存和发展的重要基础。"①党的十九届五中全会建议在"十四五"时期"实施生物多样性保护重大工程"。党的二十大进一步强调了这一点。目前，重点要做好以下工作：一是要科学认识生物多样性规律和多重价值，运用生物工程等先进科技手段保存生物遗传基因，科学挽救濒危物种，将保护基因多样性、种群多样性、生物多样性统一起来。二是要将生物多样性保护和自然保护地建设统一起来，建立和完善珍稀濒危动植物国家公园，加强珍稀濒危植物栖息地的保护、修复和重建，将保护生物多样性和保护生态系统统一起来。三是要科学预警外来物种的入侵，科学防范生物多样性的外流，有效防范生物科技研发中可能产生的生物风险，切实维护国家生物主权和国家生物安全，将保护生物多样性和维护国家生物安全统一起来。四是要建立和完善国家生物风险和生物安全预警系统，将保护生物多样性与疫情防控、爱国卫生运动、生态文明建设、绿色发展统一起来，做好野生动物保护工作，切实维护人民群众的生态环境健康。

完善生态安全屏障体系。为了守住自然生态安全的边界，必须完善生态安全屏障体系。我国的"三北"防护林建设及其取得的成就，有效维护了国家生态安全。目前，重点要做好以下工作：一是加强草原生态系统保

---

① 习近平.在联合国生物多样性峰会上的讲话.人民日报，2020-10-01（3）.

护。草原是我国面积最大的陆地生态系统。加强草原生态系统保护和修复是有效防范生态环境风险、维护生态安全的最为基础的要求和保障。我们要用现代科技方法多培育和推广耐寒耐旱的草种，实施好草畜平衡、禁牧休牧等制度，运用生态方法进行荒漠化治理。同时，我们要大力发展现代生态草业，使之为城乡生态建设服务。二是加强森林生态系统保护。"森林是陆地生态系统的主体和重要资源，是人类生存发展的重要生态保障。"① 我们要在继续搞好全民义务植树运动的同时，加快城乡绿化一体化建设步伐，增加城乡绿化面积。同时，我们要加强森林保护，改变林区树种单一的局面，改变树木品种结构，增强林区的生物多样性；在林区进一步开辟通风通道和防火通道，运用生态学方法有效预防病虫害等生物灾害和火灾。此外，我们要在林区推动森林的有序生态更新，有效组织砍伐一些缺乏生物竞争力的树木，用于经济发展。同时，组织栽种和补种一些具有多重价值的树木，大力发展薪柴林、经济林，发挥林草的综合价值，实现林草的综合效益。三是加强长江、黄河等大江大河的生态系统保护。大江大河是中华民族的母亲河和生命之源。为了强化江河源头和水源涵养区生态保护，我们必须将修复和保护大江大河生态环境摆在重要的战略位置，加强流域尤其是上游的退牧还林和退耕还林还草、退农还渔还湖，加强流域水土流失治理，将加强水体污染治理和加强水生态保护统一起来。四是加强湿地生态系统保护。"湖泊湿地是'地球之肾'"② 。我们要实行湿地面积总量管理，严格湿地用途监管，加强退耕还湿，推进退化湿地修

---

① 中共中央文献研究室 . 习近平关于社会主义生态文明建设论述摘编 . 北京：中央文献出版社，2017：115.

② 同①57.

复，增强湿地生态功能，维护湿地生物多样性，维护国家生态安全。

此外，我们要加快建立海洋生态补偿和生态损害赔偿制度，开展海洋修复工程，推进海洋自然保护区建设，完善海洋环境突发事件应急反应机制。

在此基础上，我们要高度重视林草工作。一是要持以人民为中心的发展思想，将其贯彻和落实在整个林草工作当中，坚持为了人民群众加强林业建设、草原建设和国家公园建设，依靠人民群众推动林业建设、草原建设和国家公园建设，林业建设、草原建设和国家公园建设的成果为人民群众共享。二是根据创新发展理念，大力推动林业科技、草原科技、生态恢复等方面的科技创新，推动国家绿色科技的发展。提升林业和草原在维护国家安全中的作用，引导林草工作向维护国家生态安全方面发展，形成完善的国家生态安全制度。扩展国家公园的范围。三是根据协调发展理念，发挥林草工作在促进城乡、区域、流域协调发展中的作用，利用建设生态廊道，将城乡、区域、流域有机联系起来。建立和完善立体、多元的生态补偿机制，推动水土保持、恢复绿色植被、维护国家生态安全。四是根据绿色发展理念，加强林草工作在生态文明建设中的基础性和战略性地位，推动形成资源节约、环境保护、维护生态安全的统筹协调机制。有效防范外来物种入侵，保护生物多样性，修订和完善野生动物保护法，加强相关执法。发挥林草工作在防灾减灾救灾中的作用。五是根据开放发展理念，在维护国家安全的前提下，按照人类命运共同体理念，既要发挥林草工作在维护全球生态安全、推动全球气候治理中的作用，又要推动林业经济产品、草业经济产品的双向开放。严禁野生动物的非法国际交易。六是根据共享发展理念，可以根据林草工作的实际需要，设立和扩大林草种植和保护的公益岗位，大力推动沙产业发展，积极巩固生态扶贫和生态脱贫的成果，为巩固脱贫攻坚成果和全面振兴乡村做出自己的贡献。

三、提升生态系统多样性、稳定性、持续性的举措

在坚持总体国家安全观、坚持走中国特色国家安全道路的框架中，提升生态系统多样性、稳定性、持续性还必须做好以下工作：

牢固树立生态环境风险意识。生态环境风险意识是人们对生态环境风险状况的主观反映，是对生态环境风险的认识、判断、态度、价值导向和行为取向的总和。目前，关键是要将底线思维和红线意识引入生态环境风险意识中，这样才能警钟长鸣，防患于未然。习近平指出："生态红线的观念一定要牢固树立起来。"① 为此，我们要加强生态环境风险意识的宣传和教育，提高全民的生态环境风险意识。从总体上来看，提高全民生态环境风险意识，能够引导人民群众形成有效防范生态环境风险的科学认识，增强人民群众防范生态环境风险的积极性、能动性和创造性。在此基础上，必须实现生态底线思维和生态红线意识的制度化。只有将其内化于心、外化于行，才能有效防范生态环境风险。

科学识别生态环境风险分布。有效防范生态环境风险必须坚持预防为主的原则。为此，必须做好以下工作：第一，加强资源环境承载能力评价。人类行为一旦超越生态环境阈值，就会带来生态环境风险。因此，在社会经济发展中，首先必须开展资源环境承载能力评价，将其作为决策的重要科学依据。习近平指出："要抓紧对全国各县进行资源环境承载能力

---

① 中共中央文献研究室．习近平关于社会主义生态文明建设论述摘编．北京：中央文献出版社，2017：99．

评价，抓紧建立资源环境承载能力监测预警机制。"① 只有建立在资源环境承载能力评价基础上的决策和规划，才能避免生态环境风险。第二，必须建立健全国家生态环境风险动态监测预警体系。地球生态系统处于复杂的非线性动力学过程当中，生态环境风险服从统计学规律，因此，必须加强对生态环境风险的动态监测预警。做好这项工作，可以极大地增强生态安全预警工作的主动性。总之，只有科学识别生态环境风险分布，才能为建立和完善生态环境风险防范体系提供科学依据。

科学划定生态保护红线。在科学评价和监测预警的基础上，必须统筹考虑自然生态系统的整体性、系统性、复杂性和动态性，科学划定生态保护红线。第一，确定标准。按照科学方法，开展科学评估，将生态功能重要性、生态环境敏感性与脆弱性作为划定生态环境保护红线的客观标准，科学识别生态功能重要区域和生态环境敏感脆弱区域的空间分布，将其进行空间叠加，划入生态环境保护红线。第二，明确范围。按照生态保护红线划定技术规范，要在重点生态功能区、生态环境敏感区和脆弱区等区域划定生态红线，科学划定森林、草原、湿地、海洋等领域生态红线，严格自然生态空间征（占）用管理。要将生态保护红线落实到国土空间，涵盖所有国家级、省级禁止开发区域，以及有必要严格保护的其他各类保护地等。第三，严格推进。我们要按照山水林田湖草沙冰一体化保护的思路，实现一条红线管控重要生态空间，形成生态保护红线全国"一张图"。为此，必须加强生态保护红线评估管理，建立生态保护红线监管技术规范，建设全国生态保护红线监管平台，建立一批相对固定的生态保护红线监管

---

① 中共中央文献研究室．习近平关于社会主义生态文明建设论述摘编．北京：中央文献出版社，2017：104.

地面核查点。

此外，我们要加强林草、国家公园方面的法治建设，推动制定国家生态安全法，用国家生态安全法统领森林法、草原法、国家公园法、野生动物保护法，形成系统完备的生态安全法治体系。

总之，只有有效防范生态环境风险，提升生态系统多样性、稳定性、持续性，才能确保自然系统生态功能不弱化、面积不减少、性质不改变，才能提供丰富的生态产品，优化生态服务空间配置，提升生态公共服务供给能力，确保国家生态安全。

综上，提升生态系统多样性、稳定性、持续性，完善生态环境保护制度，就是要建设一个生态安全型社会。这是建设人与自然和谐共生现代化的基础工程之一。在此基础上，才能建立和健全生态安全体系。

▎ 第五节 ▎
提高防灾减灾抗灾救灾能力

从反面来看，自然灾害是影响可持续发展的重要变量。一切对自然生态环境和人类社会尤其是人们的生命财产等造成危害的突发性天然事件和社会事件，可统称为灾害。随着风险社会的来临，今天的灾害是天灾人祸的叠加，天灾和人祸的相互影响加剧了灾害的破坏性。生态环境恶化会引发灾害或者加重灾害损失，灾害的发生会造成或加剧生态环境问题。1994年，《中国 21 世纪议程》专门设置了"防灾减灾"一章。这表明，我国在开始实施可持续发展战略的时候，就明确将防灾减灾作为可持续发展的内在要求和重要任务。根据近些年的实际情况，党的十九届五中全会要求在"十四五"时期要切实"提高防灾、减灾、抗灾、救灾能力"。党的二十大提出，提高防灾减灾救灾和重大突发公共事件处置保障能力。这也是建设人与自然和谐共生现代化的一项重要任务。

一、提高防灾减灾抗灾救灾能力的依据

为了科学预防和有效降低自然灾害对现代化建设的影响，保证人民群众的生命财产安全，我们必须高度重视防灾减灾抗灾救灾工作，切实提高防灾减灾抗灾救灾能力。

实现国家安全发展的必然选择。在现代化建设中，必须统筹发展和安全，坚持安全发展。自然灾害是影响安全发展的重大问题之一。多灾多难是我国的基本国情之一，我们为之付出了沉重的代价。但是，不屈不挠的中华民族越挫越勇，在战胜自然灾害中积累了一系列宝贵经验，形成了一系列防灾减灾抗灾救灾的精神，确立了以防为主、防抗救相结合的工作方针，全面提升了国家综合防灾减灾抗灾救灾能力。随着全球化和新科技革命的发展，风险因素会诱发和加剧灾害及其危害，这要求我们持续提升应急反应能力。党的十九大提出，树立安全发展理念，弘扬生命至上、安全第一的思想，健全公共安全体系，完善安全生产责任制，坚决遏制重特大安全事故，提升防灾减灾救灾能力。在此基础上，党的十九届五中全会进一步提出，统筹发展和安全，建设更高水平的平安中国。党的二十大进一

步提出了推进国家安全体系和能力现代化的战略任务。这样，如何更好地防灾减灾抗灾救灾，已成为我们实现安全发展、建设平安中国面临的重要难题。假如这场斗争不能取得决定性的胜利，那么，我们不仅难以保证国家安全，而且会严重拖延建设社会主义现代化强国的历史进程。

保障人民生命安全的必然选择。安全是人的基本需要，避灾是人的重要本能。在所有的安全中，人民群众的生命安全是最为重要的安全。灾害问题事关人民生命安全。同自然灾害抗争是人类生存发展的永恒课题。在实现社会主义现代化的过程中，我国也多次遭遇严重的自然灾害，人民群众的生命安全受到了严重威胁，尤其是由之带来的心理创伤难以平复。因此，以全心全意为人民服务为宗旨的中国共产党，始终坚持从维护人民群众生命安全的高度做好防灾减灾抗灾救灾，始终把保障人民群众生命财产安全放在第一位，全力组织开展抢险救灾工作，力求最大程度降低灾害损失，最大限度减少人员伤亡，妥善安排受灾群众生活，科学谋划和推进灾后重建。习近平指出："中国将坚持以人民为中心的发展理念，坚持以防为主、防灾抗灾救灾相结合，全面提升综合防灾能力，为人民生命财产安全提供坚实保障。"① 在我国科技水平和生产水平仍然有限的条件下，为了更好地保障人民群众的生命安全，有效地维护人民群众的安全权益，我们必须坚持人民至上、生命至上的科学理念，切实提高防灾减灾抗灾救灾能力。

总之，防灾减灾抗灾救灾事关人民生命财产安全，事关社会和谐稳定，事关中国平安，是衡量执政党领导力、检验政府执行力、评判国家动

---

① 习近平向汶川地震十周年国际研讨会暨第四届大陆地震国际研讨会致信．人民日报，2018－05－13（1）.

员力、体现民族凝聚力的一个重要方面。我们必须切实有效地提高防灾减灾抗灾救灾能力，推动实现人与自然和谐共生的现代化。

二、提高防灾减灾抗灾救灾能力的要求

在建设人与自然和谐共生现代化的过程中，我们必须按照全程控制和管理的思维和原则，从灾前、灾中、灾后三个环节做好工作。

加强灾前预防预警。通过科学的预防预警机制能够有效降低灾害风险和社会危害。一是要科学认识自然演化和演变的非线性规律，密切关注极端自然现象可能造成的灾害及其危害。二是科学认识气象灾害、地质灾害、生物灾害、海洋灾害等各类自然灾害的内在关联和复杂关系，全面提高抵御各种自然灾害的综合预警能力。三是科学预测人类活动造成的生态环境问题对自然系统稳定性的干扰和破坏，研究生态环境问题和自然灾害问题的相互关联及其现实风险。四是科学认识人类活动方式、人类活动强度对自然演化和演变的影响，尤其是要科学分析人口密度、大型工程、安全事故、军事行动等因素和行为对自然界稳定性的影响及其灾害后果。在此基础上，要加强分析研判，加强应急值守和会商分析，提前发布预警信息，及时启动应急响应。进而，应该制定出各个层次和各个领域的自然灾害应急预案，尤其是要将对自然灾害与生态环境的复杂关系的科学认知写入应急预案中。因此，我们必须加强灾害科学研究，利用信息技术、遥感技术、人工智能技术等高新技术及时做出预警。政府必须加强灾害科研投入，建立各种灾害预警体系，落实好群测群防机制和措施。

加强灾中应急救援。在坚持党的领导的前提下，要充分发挥新型举国体制的作用，推进形成统一指挥、专常兼备、反应灵敏、上下联动的应急

管理体制，调动全党、全国、全军、全社会的力量，积极投身到应急救援当中。在人员调动上，应该将动员人民解放军、国家综合性消防救援队伍、志愿者等"外部"力量和受灾地区当地各种"内部"力量统一起来。在资金调动上，在发挥巨灾保险和再保险作用的基础上，要将国家投入和社会募捐统一起来，充分发挥公共财政的主导作用。在物资调动上，在日常科学调整国家应急物资储备品类、规模和结构的基础上，要提高快速调配和紧急运输能力，要做好物资的公平分配和有效利用，同时要做好社会物资的募捐工作。在手段调动上，在运用好应急救援一般科技手段的基础上，要更为重视高科技手段的运用，充分发挥遥感、信息、航空、人工智能等科技手段在应急救援中的作用。在此基础上，凭借切实可行的应急救援体系和医疗救治措施，才能做好应急救援工作。

此外，灾害往往会引发次生灾害以及其他社会问题，会进一步加剧灾害的破坏性后果和影响，因此，还要做好以下工作：一是要做好科学预防次生灾害的工作，避免各种灾害的叠加效应。二是要做好灾区的生态环境保护工作，科学预防救灾过程中可能产生的生态环境问题。三是要做好灾区的疫情防治工作和爱国卫生工作，有效避免大灾之后可能发生的大疫。四是要做好灾区的社会治安工作，有效维护灾区的社会稳定。五是要充分发挥思想政治工作的优势，做好灾区群众的心理救助和抚慰工作。这样，才能有效避免灾害、环保、防疫、安全、心理等问题叠加产生的负面后果。

加强灾后重建。在灾后重建中，在坚持以人民为中心的发展思想的前提下，必须尊重自然规律、生态学规律、人与自然和谐共生的规律，充分考虑城市与自然、社区与自然、工程与自然、项目与自然的复杂关系，按照系统工程方式推进灾区重建。按照人民性原则，围绕满足灾区群众的物质需要、精神需要和生态环境需要，优先解决受灾群众最关心和要求最迫切的住房、学校、医院等问题，统筹考虑居民点选址、公共服务配套、基础设施建设等，实施公路和铁路、供电和供气、信息和网络公共基础设施安全加固和自然灾害防治能力提升工程，力争使灾区建设水平有新的提升。按照生态化原则，必须把恢复重建与生态修复、城镇化建设、新农村建设有机结合起来，实施防震安居工程和农村危房改造。在重建中，要科学安排建设时序，开展灾害事故风险隐患排查治理，把环境影响评估、灾害影响评估、安全影响评估统一起来以作为重建工程项目的前置性条件，通过生态工程和生态项目来建设生态城市和生态社区。按照系统性原则，要提升洪涝干旱、森林草原火灾、地质灾害、地震等自然灾害防御工程标准，加快江河控制性工程建设，加快病险水库除险加固，全面推进堤防和蓄滞洪区建设，统筹人防工程和城乡避难场所的建设。尤其是，我们要大力发展避灾经济，大力发展抗旱、抗涝、抗冻等农业，增强产业自身抵御灾害的能力。

总之，只有按照全程原则、思维和方法推进和做好灾前预警、灾中救援、灾后重建工作，才能全面提高国家综合防灾减灾抗灾救灾能力。

三、提高防灾减灾抗灾救灾能力的举措

围绕全面提高国家综合防灾减灾抗灾救灾能力，我们要做好以下工作：

创新防灾减灾抗灾救灾的工作思路。面对自然灾害的挑战和威胁，我们要居安思危，坚持防患于未然，坚持警钟长鸣，统筹安全和发展，切实

转变防灾减灾抗灾救灾工作的思路。我们"要更加自觉地处理好人和自然的关系，正确处理防灾减灾救灾和经济社会发展的关系，不断从抵御各种自然灾害的实践中总结经验，落实责任、完善体系、整合资源、统筹力量，提高全民防灾抗灾意识，全面提高国家综合防灾减灾救灾能力"①。在这个过程中，我们要坚持以防为主、防抗救相结合的方针，努力向灾前预防、综合减灾、减少灾害风险方向转变，坚持常态减灾和非常态救灾的统一，实现平安中国、社会稳定和人民安全的统一。同时，我们要坚持统筹考虑防灾减灾抗灾救灾工作、城乡建设工作、生态环境保护工作、医疗卫生工作、国家安全工作，坚持统筹推进灾区的经济建设、传统基础设施建设、新型基础设施建设、生态环境基础设施建设。

创新防灾减灾抗灾救灾的体制机制。为了进一步整合国家防灾减灾抗灾救灾行政力量，切实提高防灾减灾抗灾救灾领域的国家治理能力，根据党的十九届三中全会精神和中共中央印发的《深化党和国家机构改革方案》，十三届全国人大一次会议批准了国务院机构改革方案，决定组建应急管理部。现在，我们已经整合了安全生产和自然灾害领域的主要行政职能和职责，初步形成了统一指挥、专常兼备、反应灵敏、上下联动的中国特色应急管理体制，完善了国家治理体系。在此基础上，在国家议事的层面上，我们应该在国家防汛抗旱总指挥部、国务院抗震救灾指挥部、国务院安全生产委员会、国家森林草原防灭火指挥部、国家减灾委员会等机构之间建立联动和协同机制。在行政体制的层面上，应急管理部应该加强与自然资源、生态环境、林业草原、气象、海洋、卫生健康、科教等行政部

---

① 习近平在河北唐山市考察时强调 落实责任完善体系整合资源统筹力量 全面提高国家综合防灾减灾救灾能力．人民日报，2016－07－29（1）．

门的联动和协同。在具体工作的层面上，要坚持分级负责、属地为主，健全中央与地方分级响应机制，强化跨区域、跨流域灾害事故应急协同联动。

提高防灾减灾抗灾救灾的能力水平。从实现国家安全体系和能力现代化的高度出发，我们必须做好以下工作：一是要将常规科技手段和高新科技手段统一起来，推动灾害领域的科技创新，切实提高灾害监测预警和风险防范能力。二是根据我国国情和各地的自然禀赋，学习国外的先进经验，按照"人民城市"的科学理念，加强生态城市、海绵城市、柔性城市、安全城市建设，切实提高城市建筑和基础设施抗灾能力。三是从全面振兴乡村的高度出发，统筹生态农业建设和美丽乡村建设，注重地域特色和民族特色，提高农村住房设防水平和抗灾能力。四是按照科教兴国战略和人才强国战略，将灾害科学、安全科学、生态科学、环境科学等与防灾减灾抗灾救灾相关的最新科技知识有效转化为应急人员、救援人员、志愿人员、社区人员的实际能力，加大灾害管理培训力度。五是运用现代传播手段和教育手段，将防灾减灾抗灾救灾知识教育贯穿到精神文明各领域和国民教育全过程，广泛开展防灾减灾抗灾救灾演练，提高全社会防灾减灾抗灾救灾的意识和能力，建立和完善防灾减灾抗灾救灾宣传教育长效机制。六是要依法动员和组织社会力量参与防灾减灾抗灾救灾工作，充分发挥志愿者和民间组织在防灾减灾抗灾救灾中的作用，切实形成防灾减灾抗灾救灾的合力。当然，我们也要防范社会失灵。

总之，只有按照社会系统工程的方式切实提高防灾减灾抗灾救灾能力，才能保障人民群众生命和财产安全，实现安全发展，走上生产发展、生活富裕、生态良好的文明发展道路。

　　综上，全面提高防灾减灾抗灾救灾能力的目标，就是要建设一个灾害预警型社会。这是建设人与自然和谐共生现代化的基础工程和重要目标之一。

　　可见，建设人与自然和谐共生的现代化，首先必须优化作为现代化前提、基础和保障的人口、资源、环境、生态、防灾减灾抗灾救灾等自然条件，实现这些要素的可持续发展。这是生态化或绿色化的基本含义。在此基础上，必须将绿色化原则贯彻和渗透在经济社会发展的全过程和各方面，实现经济社会发展的全面绿色转型。这样，才能确保现代化的永续性，使现代化成为人与自然和谐共生的现代化。

第六章

建设人与自然和谐共生现代化的降碳行动

　　能源和气候是影响社会存在和社会发展的重要自然条件。由于使用煤炭和石油等化石能源产生的人为二氧化碳排放是造成全球气候变暖的重要原因，因此，我们必须统筹能源治理和气候治理。2020 年 9 月 22 日，习近平主席在第七十五届联合国大会一般性辩论上正式宣布，中国将力争2030 年前实现碳达峰、2060 年前实现碳中和。2021 年 4 月 25 日至 27 日，他在广西考察时强调："要继续打好污染防治攻坚战，把碳达峰、碳中和纳入经济社会发展和生态文明建设整体布局，建立健全绿色低碳循环发展的经济体系，推动经济社会发展全面绿色转型。"① 党的二十大将"积极稳妥推进碳达峰碳中和"作为促进人与自然和谐共生的重要途径和任务。因此，实现碳达峰、碳中和（简称"双碳"）是建设人与自然和谐共生现代化的重要任务，建设人与自然和谐共生的现代化必须坚持实现"双碳"目标。

第一节
统筹推进节能减排降碳工作

　　能源是人类生产和生活必需的燃料和动力的来源，是影响可持续发展的基础性变量之一。自西方现代化以来，以化石能源为主的能源结构所排

---

　　① 习近平在广西考察时强调 解放思想深化改革凝心聚力担当实干 建设新时代中国特色社会主义壮美广西．人民日报，2021－04－28（1）.

放的二氧化碳，是导致全球气候变暖的主要原因。因此，必须统筹推进节能减排降碳。统筹推进节能减排降碳，是建设人与自然和谐共生现代化的题中之义和迫切课题。

一、统筹推进节能减排降碳的依据

由于能源问题和气候问题存在内在关联，因此，我们必须统筹推进节能减排降碳。

参与和引领全球能源治理和气候治理的科学选择。西方工业文明是建立在化石能源基础上的文明。以煤炭和石油为代表的化石能源属于不可再生的能源，属于碳基能源。化石能源在推动工业化发展的同时，加剧了全球不可再生能源的消耗，导致了全球能源危机。同时，这一进程加快了人为二氧化碳的排放，导致了全球气候危机。为了控制能源生产和市场，以美国为代表的西方国家不仅操纵全球能源价格，而且不惜发动像海湾战争和伊拉克战争这样的能源战争。在气候治理问题上，美国单方面退出旨在遏制全球气候变暖的《京都议定书》，在《巴黎协定》上出尔反尔。这一切充分暴露了西方国家的反自然的本性。这样，能源危机和气候危机就发生了重叠。因此，人类亟须"摆脱基于碳的发展，同时优先考虑福祉"①。统筹推进节能减排降碳，就是我们做出的科学选择。

应对国内能源短缺和优化国内能源结构的科学选择。在能源和气候领域，我国面临着一系列严峻挑战。从能源自然禀赋来看，我国基本国情之一是，能源蕴藏总量大、人均占有水平低。从能源结构来看，煤炭消费在

---

① Marilyn Power. Global climate policy and climate justice: a feminist social provisioning approach. Challenge, 2009 (1).

我国能源结构中占比较大。2020 年，我国煤炭消费占比已经由 2005 年的 72.4％下降到 56.8％，但是仍占我国一次能源消费的一半以上。这是导致我国碳排放居高不下的重要原因，偏重于重化工的产业结构进一步固化了上述能源结构。从用能需求来看，在目前人口常数的情况下，由于气象等自然地理条件的突发变化和反常变化，居民日常生活用能需求自然会上升。同时，为了尽快从疫情中恢复生产和生活的常态，随着复工复产速度的加快，生产用能需求和交通用能需求会大幅度上升。这样，势必会加大能源消费和碳排放。从碳排放来看，无论是总量水平还是人均水平，我国的碳排放都急剧攀升。当然，在根本上，"全球生产转移的一个影响是将与全球北方消费的商品相关的碳排放量转移到全球南方"①。我国的排放属于典型的输入型排放。从碳汇交易和碳汇市场的发展来看，随着逆全球化潮流的发展及其效应，受阻的全球气候议程自然会制约全球碳汇交易和碳汇市场的发展。我国的用能权、碳排放权交易市场的发展程度和成熟程度，不仅受制于我国整个市场经济的发展程度，而且取决于全球市场的开放程度。在碳技术方面，同样如此。

总之，只有统筹推进节能减排降碳，才能有效化解能源危机和气候危机，推动能源治理和气候治理，保证现代化的永续性。

二、统筹推进节能减排降碳的要求

为了协同推进能源治理和气候治理，我们必须统筹推进节能减排降碳。

坚定不移地推进能源革命。在能源供给方面，我们要逐步降低对化石

---

① John Bellamy Foster. James Hansen and the climate-change exit strategy. Monthly review，2013 (9).

能源的依赖，加大新能源特别是清洁能源和可再生能源的生产和供给，尤其是要加大优质生物质能的生产、供给并提高其能效。在能源消费方面，在降低我国能源的对外依存度的同时，我们要坚持节约能源，降低能源消耗，形成节约能源、低碳高效的产业结构和发展方式、生活方式和消费方式。我们要完善能源消费总量和强度双控制度，推动煤炭消费尽早达峰。在目前特殊的国内外环境中，按照党的二十大精神，我们还要加强煤炭清洁高效利用。在能源技术方面，我们要加强自主创新，推动能源勘探、开发、使用等方面的技术创新，推动新能源尤其是清洁能源、可再生能源方面的技术创新，通过技术创新提高能源使用效率。在此基础上，我们必须将能源技术、信息技术、网络技术统一起来，探索建设多能源互补、分布式协调、开放共享的能源互联网，推进"互联网＋智慧能源"发展。在能源体制方面，我们要在坚持能源资源国家所有性质的基础上，在维护国家能源安全和保证人民群众用能权的前提下，还原能源的商品属性，加快建设全国用能权、碳排放权交易市场，通过有效市场和有为政府的有机统一推动能源革命。最后，我们要创新能源科学管理模式，建立健全战略谋划、规划实施、政策配套、监管到位的能源科学管理模式，建立健全能源法治体系。

从整个生态文明建设的角度来看，我们要为统筹推进节能减排降碳创造适宜的条件。第一，我们要统筹推进人口均衡发展和节能减排降碳工作，通过控制人口数量来从源头上降低用能总需求，通过引导人民群众自觉形成节能低碳的良好生活习惯来实现节能减排降碳的目标。第二，我们要建立和完善统筹推进一氧化碳防治和二氧化碳防治的协调机制。为了确保在2030年之前碳排放达峰，国家应该建立和完善统筹推进一氧化碳防治和二氧化碳防治的协调机制，将低碳发展和绿色发展有机融合起来，这样，可以更加全面地监管排放物，实现大气污染防治和全球气候变化应对的统一，有助于提升生态环境治理的总体效果。第三，我们要统筹推进节能减排降碳和维护生态安全，持续开展大规模的全民义务植树运动，保护生物多样性，提升生态系统的碳汇能力。在这个过程中，我们要发挥林草产品在全球碳汇交易中的作用，在推动全球碳市场发展的过程中，推进双循环。

　　总之，只有坚持统筹推进节能减排降碳，才能构建起清洁低碳、安全高效的能源体系，才能实现碳达峰、碳中和的目标。

三、统筹推进节能减排降碳的举措

　　统筹推进节能减排降碳是一项长期战略任务，更是一项复杂系统工程。

　　大力满足人民群众的基本用能需求。能源需求是人民群众的基本需要，用能权是人民群众的基本权益。其一，巩固能源扶贫脱贫成果。原来的贫困地区往往是能源短缺的地方，因此，必须继续发挥好能源反贫困攻坚作用，继续改善脱贫地区用能条件，通过建设绿色能源工程等方式，探索能源开发收益共享等巩固能源扶贫成果新机制。其二，持续改善人民群众用能条件。推进北方地区冬季清洁取暖，关系着这些地区广大群众能否温暖过冬。要按照企业为主、政府推动、居民可承受的方针，因地制宜，尽可能利用清洁能源，加快提高清洁供暖比重。在南方地区冬季，也应研究集中清洁供暖的可行性。同时，要实施气化城市市民工程。其三，完善公众参与能源工作和气候工作的制度。在使全体人民普遍享有现代能源服务的同时，必须扩大能源信息和气候信息的公开范围，健全举报、听证、舆论和公众监督制度，引导公众依法有序参与能源治理和气候治理，保障人民群众的相关需要和权益。

大力提升人民群众参与能源治理和气候治理的自觉。其一，树立"清洁低碳、安全高效"的价值观。面对全球气候变暖问题和节能减排降碳的现实压力，我们必须"把'清洁低碳、安全高效'的理念融入社会主义核心价值体系观宣传教育加以推广、弘扬"①，使之成为全社会的美德，形成推动节能减排降碳的价值导引。其二，建立绿色生活行动体系。我们要开展绿色生活行动，推动全民在日常生活各方面都加快向勤俭节约、清洁低碳、安全高效的方向转变，推广绿色照明和节能高效产品，引导消费者购买各类节能环保低碳产品，培育能源革命和绿色低碳的生活方式和消费方式，使能源革命和绿色低碳成为自觉的日常行动。其三，加强能源革命和"双碳"宣教引导。我们要把能源革命和"双碳"作为社会主义精神文明尤其是素质教育的重要内容，开展形式多样的能源革命战略和"双碳"行动宣教活动，准确阐述能源革命战略和"双碳"战略思想，不断把能源革命和绿色低碳降碳推向深入。

打造能源和气候命运共同体。在主要立足国内的前提条件下，在能源治理和气候治理所涉及的各个领域和方面，我们都要加强国际合作，有效利用国际资源，努力打造能源和气候命运共同体。按照习近平主席关于构建人类命运共同体的倡议，我们要按照立足长远、总体谋划、多元合作、互利共赢的方针，打造能源合作和气候合作的利益共同体和命运共同体。在能源合作方面，在加大化石能源资源勘探开发合作的基础上，我们要积极推动绿色能源合作，提高就地加工转化率，加快形成能源资源合作上下

---

① 国家发展改革委，国家能源局．能源生产和消费革命战略（2016—2030）．（2017 - 04 - 25）[2021 - 12 - 03]．http：//www. gov. cn/xinwen/2017-04/25/content＿5230568. htm.

游一体化产业链。建设全球能源互联网的关键是要发展特高压电网、泛在智能电网和清洁能源，实现能源输送、能源调度和能源供给三位一体的革命。这样，在以可持续方式满足全球电力需求的同时，可以有效缓解气候变暖问题。因此，必须将其作为国际合作的重点。我们要共同构建绿色低碳的全球能源治理格局，建设能更好地反映世界能源版图变化、更有效、更包容的全球能源治理架构，推动全球绿色发展合作。在气候合作方面，我们要坚持公平、共同但有区别的责任及各自能力原则，建设性参与和引领应对气候变化国际合作，推动落实《联合国气候变化框架公约》及其《巴黎协定》，积极开展气候变化南南合作。

总之，从节约能源到能源革命，从低碳发展到碳达峰、碳中和，表明了我们在应对能源危机和气候危机问题上思路和对策的深化和创新。实现人与能源和谐、人与气候和谐是实现人与自然和谐的重要要求和具体体现。因此，统筹推进节能减排降碳，是建设人与自然和谐共生现代化的基础工程之一。

第二节

努力实现碳达峰、碳中和目标

实现碳达峰、碳中和是一项复杂的社会系统工程，我们应该从科技、制度、文化教育和国际合作等方面入手，尽早解决碳达峰、碳中和的时代课题。

一、实现碳达峰、碳中和的技术创新举措

科技是实现碳达峰、碳中和的最优手段，在促进目标达成进程中起着第一动力的作用。鉴于目前我国发展所处的阶段，可预见到未来一段时期我国的碳排放和碳需求的总量还会保持增长状态，这样，提高能源利用率、研发新能源、用可再生能源代替传统能源，甚至对二氧化碳进行封存等技术便成为关键突破口。因此，不断推进科技创新，强化碳技术的研发，以达到低碳化处理的世界先进水平，是实现"双碳"目标的首要选择。

将碳技术创新置于突出位置。碳技术是对温室气体排放进行有效控制的一种新技术，涉及电力、交通、建筑、冶金、化工、石化等部门，包括对新能源、可再生能源的开发，对煤、油气资源的清洁高效利用等，目的在于解决能源利用与气候治理之间的矛盾。我们"要推动绿色低碳技术实现重大突破，抓紧部署低碳前沿技术研究，加快推广应用减污降碳技术，建立完善绿色低碳技术评估、交易体系和科技创新服务平台"[1]。目前，可以将碳技术划分为三类：一是通过节能减排等手段实现减碳的技术；二是通过加大利用自然能源如太阳能、风能、生物能等手段实现零碳的技术；三是通过碳捕集与封存（CCS）和碳捕集、利用与封存（CCUS）等方法实现负碳的技术。此外，碳技术还可以通过"生态支持"来实现气候治

---

① 习近平主持召开中央财经委员会第九次会议强调 推动平台经济规范健康持续发展 把碳达峰碳中和纳入生态文明建设整体布局. 人民日报，2021－03－16（1）.

理，即在具体区域开展碳技术的应用，改善具体区域的气候环境，从而带动周边地区的气候环境改善，最终达到整体的"双碳"效应。因此，创新绿色低碳技术，以技术手段研发新能源，扩大节能技术的开发与应用，高科技净化大气中的有毒有害物质，优化能源结构，实施清洁生产，明确开展绿色低碳技术对生产和生活的重大意义，是我们创新绿色低碳技术的前提。

搭建碳技术实践平台。碳技术是减少传统工业高碳发展方式下造成的温室效应的有效手段。在当下全球温度升高的严峻形势下，碳技术能够激发人们的创新热情。我们要为碳技术的研发提供国际、国内两个平台，利用好国际、国内两种资源。借鉴发达国家已经取得的关于绿色低碳技术的先进经验，与世界一流企业进行交流合作，学习先进技术，结合我国生产实际，有选择性地应用到我国生产当中，使我国的科技创新具有广阔的实践平台。同时，要大力发展生态经济，增加生态碳汇。我们要利用生物圈中森林对碳的固化作用，将动态的二氧化碳固定在植被和土壤中，减少空气中二氧化碳的浓度，发挥陆地生态系统中土壤作为最大碳库的作用，减少温室效应。生态经济在这些方面为技术创新搭建施展平台，可以促进碳利用和碳循环，提升碳汇能力。

加大政府对碳技术创新推广的力度。在生态文明理念的指引下，我国减排技术发展迅速，同时在能源消耗电气化技术、电力系统负排放技术、智慧交通技术上也取得一定成果，提升了碳技术的智能化和数字化管理水平，具备了应对气候变化的科技支撑能力。但是，在实现碳达峰、碳中和的目标上，还需要对先进技术展开研究，做好数字化与低碳化的协同发展。绿色低碳技术的发展以市场为导向，但政府的作用不可小视。政府应该致力于绿色低碳技术的推广，增加资金投入，给予政策支持。政府应该帮助企业建立长期有效的绿色低碳创新机制，为企业进行新技术自主研发提供资金支持，保障企业绿色低碳技术创新的长足发展、有效发展。同时，国家还要颁布相应政策保障绿色低碳技术的研发和推广，保障企业科技创新的顺利进行。政府在碳技术的研发与应用过程中所发挥的是助推作用而不是主导作用，是保障作用而不是主体作用，要给企业广泛的自由与自主选择权利。政府在宏观上予以把持，企业在微观上具体操作，这样，在企业中实现的技术创新才是长期的，才是可持续的。

在总体上，我们应该充分发挥新型举国体制的制度优势，将低碳技术纳入国家科技发展规划当中，促进整个科技体系向绿色低碳转型。

二、实现碳达峰、碳中和的制度创新举措

在实现碳达峰、碳中和过程中，要强化顶层设计，压实各方责任，发挥制度保障优势。

完善低碳政治制度。落实"双碳"目标，必须政治先行。我们必须上升到政治的高度来认识"双碳"行动。"实现碳达峰、碳中和，是以习近平同志为核心的党中央统筹国内国际两个大局作出的重大战略决策，是着力解决资源环境约束突出问题、实现中华民族永续发展的必然选择，是构建人类命运共同体的庄严承诺。"① 第一，我们要加强党中央对碳达峰、碳中和工作的集中统一领导，认真贯彻和落实习近平总书记关于碳达峰、碳中和重要讲话的精神。第二，我们要明确各级政府的职责，将节能减排作

---

① 中共中央国务院关于完整准确全面贯彻新发展理念做好碳达峰碳中和工作的意见. 人民日报，2021 - 10 - 25（1）.

为常规工作，明确碳强度减排和节能目标，明确政府作为节能减排监督主体的重要责任，促进实现经济社会的全面低碳转型。第三，我们要将碳达峰、碳中和相关指标纳入经济社会发展综合评价体系当中，增加考核权重，加强指标约束，发挥正确政绩导向作用。

完善低碳市场制度。运用市场手段治理生态环境，可以实现外部问题的内部化。我们要尽快建立碳排放权交易市场，为实现碳达峰、碳中和提供经济手段。碳排放权交易主要是通过市场化方式，使企业能够完全履行碳排放的义务。通俗地讲，就是通过减少二氧化碳的排放来获取经济利益。借鉴国外相对成熟的碳排放权交易系统（ETS），克服目前交易量小、规模小、投融资功能较弱的问题，我们要增加参与主体，健全相关配套机制，实现与国际碳市场对接，尽快将其作为基于市场的节能减排工具而使用，有效减少温室气体。我们要加快建立全国用能权、碳排放权交易市场，建立市场用能配额交易制度，从而降低能源消费总量和碳排放总量。我们要加快化石能源产品的价格改革，使价格反映出能源稀缺的现状与能源消耗给气候带来增温影响的状况，体现市场供求关系的变化与工业化进程中气候的变化，找到解决修复生态环境损害成本的出路。我们要建立和完善碳税机制，限制能源的过度利用，以减少碳排放。

完善能源消费双控制度。在实现低碳发展的制度体系中，能源消费双控制度不完善是限制发展的短板，完善此项制度才能为实现碳达峰、碳中和提供重要的制度保障。一方面，制定能源消耗红线目标，限定能源消费数量。要对全国各个地区的经济发展水平和速度做全面分析，准确判断各个地区的产业结构和技术进步程度，科学预测各地区能源消费总量。"实施以碳强度控制为主、碳排放总量控制为辅的制度，支持有条件的地方和重点行业、重点企业率先达到碳排放峰值。"① 从宏观上来说，要科学合理地制定国家和各个地区的能源强度和能源消费总量的控制目标，保持能源消费红线，杜绝过度消耗和浪费现象。另一方面，建立目标责任制，具体落实到负责人。对能源消费目标建立专人负责制，将能源消费双控作为企业单位主要负责人政绩考核的基础，并适时提高所占考核比例。

建立人口均衡制度。人是产生碳源的社会主体。根据马克思主义的"两种生产理论"，人在进行自身生产和物质资料生产过程中都将增加碳排放，过度的人口数量会加剧碳源的产生。人口要素又是社会生产的基本前提。因此，均衡的人口制度是实现绿色低碳发展的有效保障。目前，为了应对老龄化给社会带来的各种问题，我国进一步优化生育政策，实施一对夫妻可以生育三个子女的政策，但是人口数量的增多又增加了碳源的数量。从生态意义上说，"三孩"政策会对实现"双碳"目标产生一定的冲击。因此，在保证经济社会良性运行的基础上，我们要建立均衡的人口制度。对一些人口密度较大的城市尽量控制人口数量，这其中既包括对"三孩"政策的执行，也包括对人口流动的限制。此外，创新我国现有居住制度，在保证地理和产业合理分布的前提下，有序引导人口流动。

建立资源节约制度。节约不可再生能源是减少碳排放的有效手段，要把节约能源资源放在首位，实行全面节约战略，建立能源消费总量管理和节约制度。坚持节约优先，强化能耗强度控制，健全节能目标责任制和奖励制。目前，从我国的基本国情看，能源储备丰富但人均占有量不足，石油、煤炭等一些不可再生资源供不应求，因此，我们应该发挥市场机制和

---

① 中华人民共和国国民经济和社会发展第十四个五年规划和 2035 年远景目标纲要．人民日报，2021－03－13（1）．

经济杠杆的调节作用，建立资源有偿使用制度。同时，对浪费能源资源的行为予以严厉处罚，建立各项规章制度，采取切实有效的措施，进行科学管理和严格管理。在法律法规制定上，更加严格制定节约能源资源的国家标准，使能源资源得到有效保护。对一些重点用能单位要健全节能管理制度，帮助企业建立起自愿节能机制。及时更新用能产品的能效和高能耗行业的能耗，加大推广节能低碳产品和技术设备，并建立节能评估审查和节能监察制度。扶持可再生能源的开发与利用，取消对化石能源的普遍性补贴。鼓励北方城市成为无煤城市，实现无煤发电、无煤供暖和无煤消费，建立清洁的生产生活空间。

健全低碳法治体系。按照依法治国的基本方略，实现碳达峰、碳中和目标必须依靠法治，建立完备的法律规范体系。我们要"全面清理现行法律法规中与碳达峰、碳中和工作不相适应的内容，加强法律法规间的衔接协调。研究制定碳中和专项法律，抓紧修订节约能源法、电力法、煤炭法、可再生能源法、循环经济促进法等，增强相关法律法规的针对性和有效性"[①]。今后，我们应更加强化节能的监管制度，健全配套相关法律制度保障，尤其是应对气候变化的法律法规制度。我们还要在绿色低碳法律规范体系中加强国家生态环境法律体系与生态文明规范体系的协调与衔接，确保目标的实现。

总之，我们必须将碳治理和气候治理作为生态文明领域国家治理的重要内容和重要任务，不断推动相关制度创新，为实现"双碳"目标提供制度支撑。

---

① 中共中央国务院关于完整准确全面贯彻新发展理念做好碳达峰碳中和工作的意见.人民日报，2021-10-25（1）.

三、实现碳达峰、碳中和的文化创新举措

在实现碳达峰、碳中和目标的过程中，既要注重法律法规等硬制度的建设，又要发挥思想文化道德等软实力的作用，做到软硬兼施，加快推动社会发展全面低碳转型。

重视低碳文化的引领作用。文化是行动的先导，低碳文化的理念由内而外影响低碳发展的进程。"正如那些关心气候变化的研究者现在所意识到的，仅仅依靠科学分析是无法圆满回答这个问题的。解决方案是否能够得到强制执行，取决于它们是否与当代世界的文化意象和文化趋势相一致。要理解其原因，我们不仅需要懂得气候的纯历史，还需要懂得气候的文明史。"① 我们要坚持以习近平生态文明思想为指导，坚持社会主义生态文明观，大力发展低碳文化。发展低碳文化要从几千年的中华文明中汲取养分，弘扬中华民族"取之有度，用之有节"的优良传统，把我国优秀的传统文化融入构建低碳文化的话语体系中，充分体现我国低碳文化的民族性，同时也要提高低碳文化的时代性、开放性与科学性。

加强低碳文化的宣传教育。我们要提高公民的低碳意识，提高公民在日常生活中的低碳自觉，营造绿色低碳生活的新时尚。为此，我国要将生态文明教育纳入精神文明建设各领域和国民教育全过程，开展多种形式的能源资源国情教育，普及碳达峰、碳中和基础知识。我们要加强对公众的能源和气候等方面的科普教育，将绿色低碳理念有机融入文艺作品中，制作文创产品和公益广告，持续开展世界地球日、世界环境日、全国节能宣

---

① 贝林格. 气候的文明史：从冰川时代到全球变暖. 史军，译. 北京：社会科学文献出版社，2012：1.

传周、全国低碳日等主题宣传活动，增强社会公众绿色低碳意识，印刷一些低碳、环保、节能的小册子，推动低碳文化更加深入人心。

加强低碳文化的生活养成。只有将低碳文化转化为低碳生活，才能充分发挥低碳文化的引领作用。由于受到西方资本主义奢靡消费方式的影响，我国一些先富起来的人盲目崇拜高能耗的消费方式，甚至出现了铺张浪费之风，不仅浪费了大量的能源资源，加剧了气候变暖，而且使人们的思想受到西方新自由主义思潮的腐蚀。因此，我们要"在全社会倡导节约用能，开展绿色低碳社会行动示范创建，深入推进绿色生活创建行动，评选宣传一批优秀示范典型，营造绿色低碳生活新风尚。大力发展绿色消费，推广绿色低碳产品，完善绿色产品认证与标识制度"[①]。在日常生活中，我们应大力宣传低碳环保的生活方式，节约每一张纸每一度电，倡导公共交通出行，减少使用一次性餐具和塑料袋，在衣食住行等方面建立起低碳的生活意识。

加强低碳文化的产业养成。企业是实现"双碳"目标的主要责任主体，因此，培育企业低碳文化，强化企业低碳责任，加强对企业法人的低碳教育显得尤为必要和重要。作为社会基本细胞的企业，应该把低碳文化作为企业发展的灵魂，使用碳技术，减少污染，避免浪费，开发新技术新能源，最大限度地降碳减排，实现对能源的合理使用和对废弃物的循环利用。我们要引导企业主动适应绿色低碳发展要求，强化能源责任意识和气候责任意识，加强能源资源节约，提升绿色低碳创新水平。我们要帮助企业制定和实施碳达峰行动方案，深入研究碳减排技术路径，推进节能降

---

① 国务院关于印发 2030 年前碳达峰行动方案的通知.人民日报，2021 - 10 - 27（7）.

碳。为此，重点领域国有企业特别是中央企业要率先垂范，努力成为实现低碳发展的典范。相关上市公司和发债企业要按照环境信息依法披露要求，定期公布企业碳排放信息，接受政府和社会的监督批评。行业协会等社会团体要充分发挥"第三方"的作用，督促企业自觉履行节能减排的社会责任。

加强低碳文化的行政养成。在实现"双碳"目标的过程中，同样必须坚持"党政同责、一岗双责"。我们必须将学习贯彻习近平生态文明思想作为干部教育培训的重要内容，引导广大干部自觉用习近平生态文明思想来指导"双碳"行动。为此，各级党校（行政学院）要把碳达峰、碳中和相关内容列入教学计划，作为学习和践行习近平生态文明思想的重要内容和重要任务，分阶段、多层次对各级领导干部开展培训，普及科学知识，宣讲政策要点，强化法治意识，深化各级领导干部对碳达峰、碳中和工作重要性、紧迫性、科学性、系统性的科学认知。尤其是，专门从事绿色低碳发展相关工作的领导干部要尽快提升专业素养和业务能力，切实提高推动绿色低碳发展的本领和能力。

总之，我们要进一步增强全民的低碳意识，倡导简约适度、绿色低碳、文明健康的生活方式，把低碳文化理念有效转化为全体人民的内在信仰和自觉行动。

四、实现碳达峰、碳中和的国际合作举措

碳达峰、碳中和目标的提出，是中国基于推动构建人类命运共同体的责任担当和实现可持续发展的内在要求做出的重大战略决策。在应对全球气候问题事务中，中国甘于奉献，展现了构建人类命运共同体的决心和毅

力，但是，如果要将全球平均气温较前工业化时期提升幅度控制在 1.5 摄氏度以内，中国一国之力远远不够，因此，必须加强国际合作治理，共同行动，走多领域、多层次、多样化的合作之路，共建清洁低碳美丽的地球家园。

强化人类命运共同体的理念。理念引领行动，方向决定出路。世界各国共处同一个地球，地球是人类唯一的生活家园，各国都应牢固树立人类命运共同体的理念，遵守共同但有区别的责任原则，加强国与国之间的交流合作，有效统筹国内国际能源资源，共同参与全球气候与环境治理。人类命运共同体的理念是习近平主席创造性提出的关于处理国际关系的新理念，体现了寻求人类共同利益和共同价值的新内涵。气候变化是人类共同面对的严峻挑战，不论身处何国，信仰如何，人类都已经处在同一个命运共同体之中，共同应对气候变暖挑战的全球价值观已经开始形成，并且已经成为共识。在加强全球气候治理的道路上，我们必须继续强化人类命运共同体的理念，共同打造气候命运共同体。

世界各国共享降碳减排技术。减少碳依赖是世界各国应对气候问题最有效的实施方案，因此，加强降碳减排技术的研发成为各国的首要任务。秉承人类命运共同体的理念，共享降碳核心技术，才能实现"环球同此凉热"。科学减少碳依赖的方法并不是停止生产，而是要最大限度地提高能效，提高能源利用率。碳中和技术路径的重点措施包括碳捕集、利用与封存技术应用，基于自然的负排放技术，能源清洁低碳转型，生活方式低碳转型，国际交通运输减排，等等。目前，某些发达国家已经提出了节能减排的具体目标，并且已经开展了关键领域核心技术的研发。一些国家已经掌握了去碳技术，依靠此技术实现碳的零排放。还有一些国家通过倡导低碳生活和生产方式，减少碳依赖。因此，发达国家应加大对发展中国家的技术支持，定期开展经验交流，帮助发展中国家实现长期节能减排的目标，共享去碳技术，共治气候问题。

发挥各国互相监督作用。全球气候治理已经成为世界各国亟须解决的关键问题，发达国家和发展中国家应对碳中和目标达成共识。实现碳中和目标是一个长期的过程，各个国家不可能同步完成，发达国家利用已有的资金和技术优势，率先开展并作为成功示范，应为发展中国家实现低碳发展转型留出充足的时间。在应对气候变暖和实现低碳转型的道路上，各个国家要加强监督，互相学习，互通有无，共同发展。对一些先步入低碳转型的国家，要学习其经验，共享核心降碳技术；对世界上碳排放大国，要积极督促其快速加入碳中和计划中来，相互监督相互促进，督促一些国家及时做出对碳中和的积极承诺；发展中国家要对发展的阶段性和行业的细化性尽早做出规划，早日举全国之力步入世界碳中和的愿景之中。

加强气候变化领域的南南合作。世界各国应严格履行《联合国气候变化框架公约》及其《巴黎协定》，同时还应在"一带一路"、亚太经合组织等世界经济发展平台中增加关于各国开展气候合作行动的内容，也可在不同地区组建合作平台，目的在于积极推进南南合作，引导全球实现碳达峰、碳中和的目标。目前，中国已经出资 200 亿元人民币建立了"中国气候变化南南合作基金"，在此基础上，还要继续加大资金投入，用于对非洲国家、最不发达国家、小岛屿国家和其他发展中国家在气候治理上的支持，旨在帮助世界不发达地区尽快实现低碳目标。从 2016 年起，中国在发展中国家启动 10 个低碳示范区、100 个减缓和适应气候变化项目及 1 000 个应对气候变化培训名额的合作项目，帮助发展中国家实现能源清洁低碳发展，共同应对全球气候变化。同时，中国在产业项目上率先示范，表示不再投资高碳项目，重点投资在零碳和低碳产业上，帮助发展中国家发展水电事业。对于在实现碳达峰、碳中和过程中出现的结构性失业问题，国际社会应该形成和完善补偿机制，以实现公平转型。

当下，我们开启了建设人与自然和谐共生现代化的新征程，步入了富强繁荣但又瞬息万变的绿色低碳新时代。"十四五"时期成为达成碳达峰、碳中和目标的关键期。在这样的时代背景下，实现碳达峰、碳中和目标便是一场深刻而广泛且具有世纪意义的系统性变革。实现碳达峰、碳中和目标任重而道远。中国"将以新发展理念为引领，在推动高质量发展中促进经济社会发展全面绿色转型，脚踏实地落实上述目标，为全球应对气候变化作出更大贡献"[1]。当下，在气候治理上，中国已经在世界面前做出了表率。在不久的将来，中国将为打造气候命运共同体做出更大的贡献。

| 第三节 |

加快推动绿色低碳循环发展

长期以来，粗放式发展方式是导致和加剧我国生态环境问题的重要原

---

① 习近平. 继往开来，开启全球应对气候变化新征程：在气候雄心峰会上的讲话. 人民日报，2020 - 12 - 13（2）.

因。在贯彻和落实可持续发展战略的基础上，党的十八届五中全会创造性
地提出了绿色发展的科学理念。"绿色发展，就其要义来讲，是要解决好
人与自然和谐共生问题。"[1] 在此基础上，党的十九届五中全会提出了"促
进经济社会发展全面绿色转型"的要求，将"加快推动绿色低碳发展"作
为建设人与自然和谐共生现代化的主要内容和主要任务之一。党的二十大
提出了加快发展方式绿色转型的战略任务。绿色发展有狭义和广义的区
分。与低碳发展、循环发展并列的绿色发展是狭义上的绿色发展，是清洁
发展的意思。与创新发展、协调发展、开放发展、共享发展并列的绿色发
展是广义上的绿色发展，包括清洁发展、低碳发展、循环发展、节约发
展、安全发展、预警发展等含义。只有在实现绿色低碳发展的基础上，我
们才能建设好人与自然和谐共生的现代化。

一、坚持生态优先、绿色发展为导向的高质量发展路子

在如期完成全面建成小康社会的发展任务、开启全面建设社会主义现
代化国家新征程的新发展阶段，面对国内外的复杂发展局面，我们亟须从
高速度发展转向高质量发展。高质量发展是发展的速度、质量、效益的高
度的有机的统一。我们不能将绿色低碳循环发展仅仅看作高质量发展的一
个方面，而应看作是其前提、要求、目标。

绿色低碳循环发展是高质量发展的重要前提。自然界是生产资料和生
活资料的基本来源，是发展的自然物质前提和保障。在一定的时空范围当
中，相对于人类的发展来说，自然界存在生态阈值或生态极限。如果人类

---

[1] 习近平 . 在省部级主要领导干部学习贯彻党的十八届五中全会精神专题研讨班上的讲话 . 人
民日报，2016 - 05 - 10（2）.

要突破这一极限，必须在对生态环境进行安全影响评估的前提下，通过绿色科技来拓展发展的条件和边界。在拓展的过程中，人类必须对大自然有所补偿、有所增益，维持和增强自然的可持续性，实现和维护人与自然之间物质变换的动态平衡。因此，任何发展都必须以尊重自然规律为前提，尤其是要遵循自然界客观存在的生态阈值或生态极限。自然界的可持续性是发展的可持续性的基础和前提。党的十九届五中全会提出的"守住自然生态安全边界"是对于发展的底线要求。可见，绿色低碳循环发展是高质量发展的重要前提之一。

绿色低碳循环发展是高质量发展的基本要求。从其构成来看，高质量发展是创新发展、协调发展、绿色发展、开放发展、共享发展的集成体现和综合运用。绿色低碳循环发展的核心要义是实现人与自然和谐共生，着力解决的是环境和发展的协调问题。一方面，它要求发展必须与资源能源的高消耗和生态环境的高破坏脱钩，全力避免和消除发展的生态环境代价，即要避免重蹈西方现代化先污染后治理的覆辙。另一方面，它要求经济发展与节约发展、清洁发展、循环发展、低碳发展、安全发展、预警发展等要求挂钩，在实现人与自然和谐共生的过程中谋求经济发展，即要开拓出一条人与自然和谐共生的现代化道路。在这个过程中，我们要围绕资源节约、环境清洁、废物循环、生态安全、灾害预警等问题培植新的经济增长点。可见，绿色低碳循环发展是高质量发展的基本要求之一。

绿色低碳循环发展是高质量发展的重要目标。为了保证社会的全面进步和人的全面发展，高质量发展是追求全面发展目标的发展。在民族复兴的层面上，通过发展，我们要使中国以经济富强、政治民主、文化繁荣、社会和谐、山河秀美、民族团结、国家统一的形象屹立于世界东方，即建设美丽中国是实现中华民族伟大复兴的重要构成目标。在现代化的层面上，通过发展，我们的目标是促进物质文明、政治文明、精神文明、社会文明、生态文明的全面提升，将我国建设成为富强民主文明和谐美丽的社会主义现代化强国。在社会发展的终极追求上，通过发展，我们要实现社会的全面进步和人的全面发展。在此基础上，"社会化的人，联合起来的生产者，将合理地调节他们和自然之间的物质变换"[1]。这样，生态文明就成为社会全面进步和人的全面发展的目标之一。可见，绿色低碳循环发展是高质量发展的重要目标之一。

总之，绿色低碳循环发展对于实现高质量发展具有全方位的意义，我们必须坚持生态优先、绿色发展为导向的高质量发展路子。

二、健全绿色低碳循环发展的生产体系

在经济社会发展的过程中，生产具有决定性作用。疫情防控的经验进一步表明，实体经济是发展的基础和本钱。党的二十大要求我们把发展经济的着力点放在实体经济上。一切生产都是人们在一定社会形式中并借助这种社会形式而展开的对自然的占有，是实现人与自然之间物质变换的形式。生产是否具有可持续性直接关系甚至决定着整个社会经济是否具有可持续性。因此，在坚持用生活方式绿色化倒逼形成绿色化生产方式的基础上，关键是要从促进生产的绿色转型抓起，坚持用生产的绿色转型来引领和支撑经济社会发展的全面绿色转型。

我们要在坚决贯彻和落实新发展理念的过程中，按照系统思维、系统

---

[1] 马克思，恩格斯.马克思恩格斯文集：第 7 卷.北京：人民出版社，2009：928.

观念、系统方法，促进生产的绿色转型。我们要坚持统筹推进经济建设、政治建设、文化建设、社会建设、生态文明建设"五位一体"总体布局，坚持协调推进全面建设社会主义现代化国家、全面深化改革、全面依法治国、全面从严治党"四个全面"战略布局，坚持大力贯彻和全面落实创新、协调、绿色、开放、共享的新发展理念，坚持统筹发展和安全，尤其是要坚持统筹绿色发展和安全发展。我们要充分尊重自然规律和生态阈值，按照可持续发展的要求，大力减少人类活动对自然空间的占用，坚决守住自然生态安全边界，大力维护资源安全、能源安全、生物安全、环境安全、生态安全、核安全等非传统安全，切实保障劳动者的生命安全和企业的生产安全，借鉴西方生态现代化和"工业4.0"的经验，通过多种手段和途径促进生产的绿色转型，努力形成绿色化生产方式，为最终形成生态文明体系创造经济条件。

我们要立足于开启全面建设社会主义现代化国家新征程的新发展阶段，协同推进新型工业化、信息化、城镇化、农业现代化和绿色化，大力推动传统产业的绿色转型。发展实体经济一定要把传统产业发展上去，我们不能也不可能在超越和取代工业文明的基础上建成生态文明，而应该实现工业文明和生态文明的统一，否则，就会重蹈落后就要挨打的覆辙。当然，我们再也不能按照常规的方式发展传统产业了，而必须坚持走新型工业化道路，推动传统产业向高端化、智能化、绿色化的方向发展。按照绿色化的原则和要求，我们要坚持促进农业、制造业、服务业、能源资源等产业门类关系协调，努力形成绿色发展的产业合力。我们要坚持推进重点行业和重要领域的绿色化改造，使之向节约、清洁、低碳、循环、安全等方向发展。我们要坚持将"智能＋绿色"作为传统产业发展的方向，促进现代化、生态化、信息化的渗透和交融。

我们要在构建国内国际双循环的新发展格局的过程中，坚持从科技、产业、体系机制、民生、文化、生态、安全与国防军队建设等方面布局，大力推动战略性新兴产业的绿色成长。现代化是一个产业不断升级换代的过程，绿色化是保证现代化永续性的原则和方向。从"绿水青山就是金山银山"的科学理念来看，"保护生态环境就是保护自然价值和增值自然资本"①。因此，我们要坚持将自然生态优势和社会经济优势统一起来，大力推动生态农业、生态工业、生态旅游的发展，建立和完善以生态产业化和产业生态化相统一为核心和特征的生态经济体系，不断增强我国的自然资本实力，努力将我国建设成为自然资本强国。我们要坚持实行产品的全生命周期管理，大力推进清洁生产，大力发展环保产业，努力形成以绿色为导向的产业发展态势。我们要坚持加快壮大新一代信息技术、生物技术、新能源、新材料、高端装备、绿色环保以及航空航天等产业，使之按照绿色化方向成长，努力形成支撑绿色发展和生态文明的新的业态和产业结构。

我们要按照创新发展的科学理念，在实现国家治理体系和治理能力现代化的过程中，形成和完善推动生产绿色转型的体制机制。我们要充分发挥绿色发展政策和绿色发展法律的规约作用，依靠产业政策和产业法律的绿色创新，推动生产的绿色转型。同时，我们要推动形成就业、产业、投资、消费、环保、区域等政策紧密配合的态势，完善宏观经济治理，为实现生产的绿色转型提供制度保障。我们要充分发挥绿色投资和绿色金融的

---

① 习近平 . 推动我国生态文明建设迈上新台阶 . 求是，2019（3）.

导向作用，创新绿色金融的融资渠道和融资方式，将绿色经济和绿色产业作为投入的重点，为推动生产的绿色转型提供金融支持。我们要充分发挥绿色科技的推动作用，抓住新科技革命的绿色、智能、泛在的趋势和特征，大力推动绿色技术创新尤其是生产技术的绿色创新，为推动生产的绿色转型提供科技动力。

当然，我们必须在生产、交换、分配、消费的整体循环中实现生产的绿色转型。

三、健全绿色低碳循环发展的分配体系

尽管生产决定分配，但是，"如果在考察生产时把包含在其中的这种分配撇开，生产显然是一个空洞的抽象"[①]。对于一般经济如此，对于生态经济也如此。在促进经济社会发展全面绿色转型中，还必须大力建立和完善绿色低碳循环发展的分配体系。

健全绿色低碳循环发展分配体系的现实任务。尽管我国已经开启全面建设社会主义现代化国家新征程，但是，我国在总体上仍然处于社会主义初级阶段，物质文化产品和物质文化服务、精神文化产品和精神文化服务、生态产品和生态服务的供给能力仍然不足，还难以满足人民群众的美好生活需要。由于历史和现实、自然和社会等一系列复杂的原因，发展的不均衡性和不平衡性成为我国社会主要矛盾的重要构成方面，因此，各类产品和各类服务的分配在空间上也存在不均衡和不平衡的问题，还难以实现城乡生态正义、区域生态正义、流域生态正义。良好的生态环境是最普

---

① 马克思，恩格斯．马克思恩格斯文集：第 8 卷．北京：人民出版社，2009：20.

惠的民生福祉和最公平的公共产品，我们"要坚持生态惠民、生态利民、生态为民，重点解决损害群众健康的突出环境问题，加快改善生态环境质量，提供更多优质生态产品，努力实现社会公平正义，不断满足人民日益增长的优美生态环境需要"①。因此，我们必须建立和完善绿色低碳循环发展的分配体系或生态文明分配体系。

健全绿色低碳循环发展分配体系的制度安排。应该从以下几个方面为健全绿色低碳循环发展分配体系提供制度保障：一是在所有制方面，必须坚持资源国有和物权法定的原则。自然富源是大自然馈赠给全人类的礼物，谁都没有特权独享。自然资源存在稀缺性和有限性等问题，如果私有必然会排斥其他人享有。只有坚持自然资源公有制，坚持生态共有，才能确保生态共享。在产权改革中，我们要妥善处理好三权分置的问题，严防国有自然资源资产流失和贬值。我们要通过增强我们国家的自然资本实力，来造福全体人民。二是在人际关系方面，我们要坚持以人民为中心的思想，确保人民群众成为历史、国家、社会、单位和自己命运的主人。在此前提下，我们要坚持共有、共建、共治、共享的统一。我们要充分发挥人民群众在生态文明建设中的主体作用，要充分发挥人民群众在生态文明领域国家治理体系和治理能力现代化中的主体作用。只有建立和完善生态共建和生态共治的体制和机制，才能有效实现生态共享。三是在收入分配政策方面，我们要坚持和完善各尽所能、按劳分配的社会主义分配原则和分配制度。在此前提下，我们要平衡劳动所得和要素所得的关系。在完善按要素分配政策制度方面，在明确自然资源国有属性的前提下，健全各类

---

① 习近平. 推动我国生态文明建设迈上新台阶. 求是，2019（3）.

生产要素由市场决定报酬的机制，既要防止既得利益者通过控制和侵占国有自然资源而不当致富和个人暴富等问题，又要探索通过土地、资本等要素使用权、收益权增加中低收入群体要素收入。在完善再分配机制方面，针对房地产、矿产业、林产业涉及自然资本和生态产品的问题，要加大税收、社保、转移支付等的调节力度和精准性。在第三次分配方面，设立国家生态文明建设公益基金，鼓励和支持各类资本对绿色公益基金的投入。

健全绿色低碳循环发展分配体系的具体选择。我们要根据不同情况，来健全绿色低碳循环发展分配体系。第一，在生态产品的分配方面，要根据生态产品的不同性质采取不同的分配政策。对于完全自然产生的生态产品（天然的生态产品），必须采用面向所有社会成员开放的政策，保证其公共产品的性质；可以将其价值实现投入社保基金当中，以造福全体人民。对于通过生态修复产生的生态产品（人化的生态产品）和生态建设产生的生态产品（人工的生态产品），在补偿其经济投入价值的同时，将之作为半公共产品或准公共产品对待，将其价值实现作为生态补偿的基金。第二，在生态补偿方面，要完善立体、多元、多维的生态补偿机制。按照共同富裕的要求，我们既要继续通过加大中央财政转移支付力度的方式完善纵向生态补偿，又要完善城乡之间、区域之间、流域内部的横向生态补偿。根据各类产品的价值实现方式，在坚持政府生态补偿主体地位的同时，我们要鼓励和支持企业、社会、公众参与生态补偿。在确保国家安全和生态安全的前提下，我们要鼓励和支持国际社会参与生态补偿。在补偿的手段方面，在坚持以经济补偿为主的前提下，要通过科技、教育、文化、卫生、人才等方面的帮扶来完善生态补偿。第三，在生态服务的提供上，我们应该将自然界生态系统产生的生态服务的概念扩展和延伸到政府的公共服务当中。我们要严格确定公共产品和私人产品的边界，将提供私人产品的任务交给市场和企业，将提供公共产品的任务作为政府的本职工作。各级人民政府、人民政府的各个部门应该将提供生态产品、保障生态产品供给、确保生态产品公平分配作为政府的公共服务职能，向全体人民提供更多的优质的生态服务，促进生态公平正义。

总之，我们必须将建立和完善绿色低碳循环发展的分配体系作为建立和完善绿色低碳循环发展的经济体系的内在要求和重要任务，这样，才能使经济社会发展的全面绿色转型成为实现共同富裕和共享发展的事业。

从经济社会发展的主要环节来看，生产、交换、分配、消费是一个不可分割的整体。因此，促进经济社会发展全面绿色转型，还需要实现交换和消费的绿色转型，需要在生产、交换、分配、消费的绿色转型之间形成系统合力。例如，在交换领域，我们应该推行绿色包装，以减少过度包装造成的资源浪费和环境污染等问题。在消费领域，我们应该推动实现消费方式的绿色化，形成倒逼生产方式绿色化的机制。这样，按照经济社会发展全面绿色转型的要求，加快推动绿色低碳发展就成为建设人与自然和谐共生现代化的基础工程之一。

第七章

建设人与自然和谐共生现代化的治理保障

建设人与自然和谐共生的现代化，既需要适宜的经济制度和经济体制的支撑，也需要适宜的生态文明制度和生态文明体制的保障。因此，坚持和完善生态文明制度体系是建设人与自然和谐共生现代化的治理保障。"生态文明建设是关系中华民族永续发展的千年大计。必须践行绿水青山就是金山银山的理念，坚持节约资源和保护环境的基本国策，坚持节约优先、保护优先、自然恢复为主的方针，坚定走生产发展、生活富裕、生态良好的文明发展道路，建设美丽中国。"① 这就是我国坚持和完善生态文明制度体系的总体要求。

▌第一节▐

坚持把生态文明建设摆在重要的战略地位

只有明确生态文明建设的战略地位，才能确立生态文明制度建设的战略方位。党的十七大将生态文明建设看作全面建设小康社会奋斗目标的新要求，党的十八大将生态文明建设纳入中国特色社会主义总体布局当中。在此基础上，党的十八大以来，习近平生态文明思想进一步从多角度深刻而系统地阐明了生态文明建设的战略地位。

---

① 中共中央关于坚持和完善中国特色社会主义制度 推进国家治理体系和治理能力现代化若干重大问题的决定. 人民日报，2019-11-06（1）.

一、生态文明建设是"五位一体"总体布局和"四个全面"战略布局的重要内容

自然界是人类社会存在和发展的基本物质条件。对于社会主义社会和社会主义建设事业来说，同样如此。党的十八大以来，以习近平同志为核心的党中央完善了"五位一体"总体布局，提出了"四个全面"战略布局，将生态文明建设看作其中的重要内容。"五位一体"总体布局是指，中国特色社会主义事业是由经济建设、政治建设、文化建设、社会建设、生态文明建设构成的有机系统。其中，生态文明建设既为其他四项建设提供物质条件，又要通过其他四项建设加以推进。"四个全面"战略布局是指，为了实现全面建成小康社会和全面建设社会主义现代化国家这一发展目标，我们必须将全面深化改革作为动力、将全面依法治国作为保障，必须将全面从严治党作为政治导引。生态文明建设是全面小康和全面现代化的重要目标，加强生态文明制度建设是全面深化改革的重要内容，依法推动生态文明建设是全面依法治国的重要任务，加强党对生态文明建设的领导是全面从严治党的重要课题。四者的互动构成的整体就是生态文明建设实践要完成的任务。"五位一体"体现了我们党对社会全面发展客观规律的科学把握，"四个全面"体现了我们党运用社会全面发展客观规律的高超政治智慧。

二、生态文明建设是关乎人类生存、民族未来、人民福祉、治国理政的政治大事

自然界是人的无机的身体，人的肉体生活和精神生活都依赖自然界。

无论是从个体的角度还是从群体的角度来看，都是如此。习近平生态文明思想高瞻远瞩地指出，生态文明建设是关乎人类生存、民族未来、人民福祉、治国理政的政治大事。第一，在生态环境问题已经成为全球性问题的情况下，保护生态环境是全人类面临的共同挑战和共同责任，生态文明建设是打造人类命运共同体、造福全人类的人类共同事业。第二，生态兴则文明兴，生态衰则文明衰，生态文明建设是关系中华民族永续发展的根本大计或千年大计，是关系中华民族伟大复兴事业的全民族的历史重任。第三，生态环境质量直接影响着人民群众的获得感和幸福感，生态环境是关系人民福祉的重大社会问题，生态文明建设是为人民群众提供良好生态环境的民生工程和公平事业。第四，优美生态环境需要是人民群众的重要需要，解决人民群众最关心最直接最现实的利益问题是中国共产党人的使命所在，生态文明建设是关系党的使命和宗旨的重大政治事业。总之，从世情、国情、社情、党情等方面来看，都要求我们搞好生态文明建设。

三、生态文明建设的"五个一"的战略定位

人与自然和谐共生规律是人类社会存在和发展的基本规律。党的十八大以来，习近平生态文明思想从"五个一"的高度明确了生态文明建设的战略地位。第一，生态文明建设是"五位一体"总体布局的重要一位。我们既要促进社会主义物质文明、政治文明、精神文明、社会文明、生态文明的协调发展，又要通过生态文明建设促进社会的全面发展和全面进步。第二，坚持人与自然和谐共生是新时代坚持和发展中国特色社会主义基本方略之一。我们既要明确人与自然和谐共生是生态文明的实质和灵魂，又

要将人与自然和谐共生作为建设生态文明的基本方略。第三，绿色发展是创新、协调、绿色、开放、共享的新发展理念中的重要理念之一。我们既要将生态文明作为绿色发展的目标，又要将绿色发展作为生态文明建设的现实路径。第四，污染防治攻坚战是防范化解重大风险、精准脱贫、污染防治三大攻坚战中的重要攻坚战之一。我们既要将生态文明建设作为污染防治攻坚战的目标，又要通过污染防治攻坚战解决制约生态文明建设的现实障碍。第五，美丽中国是到21世纪中叶建成社会主义现代化强国目标中的重要目标之一。按照党的基本路线，我们要把我国建设成为富强民主文明和谐美丽的社会主义现代化强国，"美丽"即美丽中国。显然，"五个一"体现了我们党对生态文明建设规律的科学把握，体现了生态文明建设在新时代党和国家事业发展中的重要战略地位，体现了党对建设生态文明的战略部署和战略要求。

根据生态文明建设的战略地位，我们必须坚持和完善生态文明制度体系，促进人与自然和谐共生。党的十九届四中全会从"实行最严格的生态环境保护制度""全面建立资源高效利用制度""健全生态保护和修复制度""严明生态环境保护责任制度"四个方面提出了坚持和完善生态文明制度体系的系统战略部署。前三者是管理"物"（生态环境、自然资源、生态安全）的制度，最后一条是管理"人"（各级党政干部）的制度。这样，通过坚持"见物"和"见人"的统一，就可形成一个系统而完备的生态文明制度体系。

第二节

第二节

坚持以习近平生态文明思想为根本遵循

党的十八大以来，以习近平同志为主要代表的中国共产党人创造性地形成了习近平生态文明思想，指导我国生态文明建设发生了历史性、转折性和全局性的变化。"绿水青山就是金山银山"的理念，是习近平生态文明思想的突出成果，是新时代生态文明建设的基本原则。坚持和完善生态文明制度体系，必须坚持以习近平生态文明思想为指导思想，必须坚持绿水青山就是金山银山的科学理念。

一、坚持以习近平生态文明思想为生态文明制度建设的指导思想

习近平生态文明思想博大精深，生态文明制度建设思想是其重要内容。2013年5月24日，习近平在主持十八届中央政治局以大力推进生态文明建设为主题的第六次集体学习时指出，只有实行最严格的制度、最严密的法治，才能为生态文明建设提供可靠保障。必须建立健全资源生态环境管理制度，加快建立国土空间开发保护制度，强化水、大气、土壤等污染防治制度，建立反映市场供求和资源稀缺程度、体现生态价值、代际补

偿的资源有偿使用制度和生态补偿制度，健全生态环境保护责任追究制度和环境损害赔偿制度。2017年5月26日，他在主持十八届中央政治局以推动形成绿色发展方式和生活方式为主题的第四十一次集体学习时又指出，推动绿色发展，建设生态文明，重在建章立制。要加快自然资源及其产品价格改革，完善资源有偿使用制度；要健全自然资源资产管理体制，加强自然资源和生态环境监管，推进环境保护督察，落实生态环境损害赔偿制度，完善环境保护公众参与制度。2018年5月18日，他在全国生态环境保护大会上将"用最严格制度最严密法治保护生态环境"确立为新时代加强生态文明建设必须坚持的原则。

党的十八届三中全会提出，建设生态文明，必须建立系统完整的生态文明制度体系，用制度保护生态环境。党的十八届四中全会提出，用严格的法律制度保护生态环境，加快建立有效约束开发行为和促进绿色发展、循环发展、低碳发展的生态文明法律制度。党的十八届五中全会提出，必须形成支持绿色发展的制度体系。党的十九大提出，"改革生态环境监管体制""加快生态文明体制改革""实行最严格的生态环境保护制度"。党的十九届三中全会提出了改革生态文明行政管理体制的战略安排。此外，我们还先后出台了《中共中央 国务院关于加快推进生态文明建设的意见》《生态文明体制改革总体方案》《中共中央 国务院关于全面加强生态环境保护 坚决打好污染防治攻坚战的意见》《全国人民代表大会常务委员会关于全面加强生态环境保护 依法推动打好污染防治攻坚战的决议》等专门文件。进而，党的十九届四中全会进一步提出了深化生态文明制度建设的顶层设计。党的十九届五中全会也提出了相应要求。现在，亟须将上述制度创新思想和制度创新设计转化为生态环境领域的制度体系和治理效能。

二、坚持绿水青山就是金山银山的科学理念

习近平生态文明思想是一个体系完整、逻辑严密、内涵丰富、开放包容的科学思想体系，集中体现为"十个坚持"：坚持党对生态文明建设的全面领导，坚持生态兴则文明兴，坚持人与自然和谐共生，坚持绿水青山就是金山银山，坚持良好生态环境是最普惠的民生福祉，坚持绿色发展是发展观的深刻革命，坚持统筹山水林田湖草沙系统治理，坚持用最严格制度最严密法治保护生态环境，坚持把建设美丽中国转化为全体人民自觉行动，坚持共谋全球生态文明建设之路。"十个坚持"深刻回答新时代生态文明建设的根本保证、历史依据、基本原则、核心理念、宗旨要求、战略路径、系统观念、制度保障、社会力量、全球倡议等一系列重大理论和实践问题。由于生态文明建设的核心问题是如何科学协调环境（生态化）和发展（现代化）的关系，因此，绿水青山就是金山银山是习近平生态文明思想的核心理念和突出成果。

在科学总结人民群众协调环境和发展关系经验的基础上，习近平在浙江省工作期间就创造性地提出了绿水青山就是金山银山的理念。他指出："我们追求人与自然的和谐，经济与社会的和谐，通俗地讲，就是既要绿水青山，又要金山银山。"① 党的十八大之后，他反复强调，中国明确把生态环境保护摆在更加突出的位置，提出了建设生态文明、建设美丽中国的战略任务。这就是要处理好绿水青山和金山银山的关系。社会经济发展不应是对资源和生态环境的竭泽而渔，生态环境保护不应是舍弃经济发展的

---

① 习近平．之江新语．杭州：浙江人民出版社，2007：153.

缘木求鱼。2017 年，"绿水青山就是金山银山"写入党的十九大报告和党的章程中。在此基础上，习近平在全国生态环境保护大会上科学而系统地阐明了绿水青山就是金山银山的科学内涵和要求："绿水青山就是金山银山，阐述了经济发展和生态环境保护的关系，揭示了保护生态环境就是保护生产力、改善生态环境就是发展生产力的道理，指明了实现发展和保护协同共生的新路径。绿水青山既是自然财富、生态财富，又是社会财富、经济财富。保护生态环境就是保护自然价值和增值自然资本，就是保护经济社会发展潜力和后劲，使绿水青山持续发挥生态效益和经济社会效益。"① 这就是要坚持在发展中保护、在保护中发展，实现人口资源环境与经济社会的协调发展。

三、大力践行绿水青山就是金山银山的科学理念

绿水青山就是金山银山既是社会主义生态文明建设的科学原则，也是坚持和完善生态文明制度体系的科学理念。第一，坚持自然价值和自然资本的理念。在探索价值形成和价值增值机制的过程中，马克思主义认为，"劳动和自然界在一起才是一切财富的源泉，自然界为劳动提供材料，劳动把材料转变为财富"②。自然界主要通过影响劳动生产率参与价值形成和价值增值。显然，劳动价值论具有其生态意蕴。在此基础上，习近平生态文明思想明确提出了自然价值和自然资本的科学理念。自然价值是指自然在价值形成中的作用，自然资本是指自然在价值增值中的作用。这样，就开辟出了劳动价值论的生态维度。因此，在生态文明制度建设和制度创新

---

① 习近平. 推动我国生态文明建设迈上新台阶. 求是，2019 (3).
② 马克思，恩格斯. 马克思恩格斯文集：第 9 卷. 北京：人民出版社，2009：550.

中，我们要探索实现自然价值和自然资本的制度设计，促进外部问题的内部化，为资源产品价格改革、环境污染征税、生态补偿等生态经济活动提供制度保障。第二，坚持自然生产力和生态生产力的理念。在马克思主义看来，生产力是一个系统集成。如同经济生产力一样，自然生产力也是重要的生产力。"在资本主义生产存在的地方，资本主义生产在土地最肥沃的地方生产率最高。劳动的自然生产力，即劳动在无机界中具有的生产力，和劳动的社会生产力一样，表现为资本的生产力。"[①] 在此基础上，习近平生态文明思想指出，我们要坚持保护生态环境就是保护生产力、改善生态环境就是发展生产力的科学理念。进而，还要看到，"绿色发展是生态文明建设的必然要求，代表了当今科技和产业变革方向，是最有前途的发展领域"[②]。这样，就提出了自然生产力和生态生产力的科学理念。自然生产力是自然界自身所具有的生产能力，主要指自然力量在生产力发展中的作用。生态生产力是绿色化（生态化）科学技术所体现出的生产力，主要指通过科技进步合理协调人与自然之间物质变换所表现出的先进生产力。因此，在生态文明制度建设和制度创新中，我们不仅要促进形成绿色技术创新体系，而且要促进形成绿色产业创新体系。第三，坚持生态效益、经济效益、社会效益相统一的理念。"三个效益"不是对立的关系，通过将绿水青山转化为金山银山，能够将其统一起来。因此，通过制度设计，我们要始终将生态效益作为基础、将经济效益作为手段、将社会效益作为目的，让绿水青山在持续发挥生态效益的基础上发挥经济效益和社会效益。

---

① 马克思，恩格斯. 马克思恩格斯全集：第 35 卷 . 2 版 . 北京：人民出版社，2013：122.
② 习近平 . 为建设世界科技强国而奋斗：在全国科技创新大会、两院院士大会、中国科协第九次全国代表大会上的讲话 . 人民日报，2016 - 06 - 01（2）.

四、严明生态环境保护责任制度

坚持以习近平生态文明思想为指导，大力践行绿水青山就是金山银山的科学理念，必须坚持党的领导，严明生态环境保护责任制度。为了促进各级党政干部坚决担负起生态文明建设的政治责任，党的十九届四中全会从管"人"（各级党政干部）的角度提出，要"严明生态环境保护责任制度"。这就是要做好以下工作：建立和完善生态文明目标评价考核制度，建立和完善自然资源资产离任审计制度，落实中央生态环境保护督察制度，健全生态环境监测和评价制度，完善生态环境公益诉讼制度，建立和完善生态补偿制度，建立和完善生态环境损害赔偿制度，建立和完善生态环境损害责任终身追究制度。这样，才能保证生态文明建设责任到人，落实党政主体责任，实现党政同责、一岗双责。

总之，只有坚持以习近平生态文明思想为指导思想，坚持绿水青山就是金山银山的科学理念，加强党的领导，严明生态环境保护责任制度，我们才能搞好生态文明制度建设。

第三节

坚持节约资源和保护环境的基本国策

基本国策是指那些关系到国计民生的具有全局性、长期性、战略性的基本的重大的顶层政策。节约资源和保护环境的基本国策，既是我国生态文明制度的重要构成部分，又是生态文明制度建设的重要制度保障。今天，我们还需要进一步完善生态文明领域的基本国策体系。

一、始终坚持基本国策

针对我国人均资源占有量少、环境污染严重的实际，改革开放以来，我国先后将节约资源、保护环境确立为我国的基本国策，有效地推进了我国的可持续发展。党的十八大以来，以习近平同志为核心的党中央始终强调，要坚定不移地贯彻和落实上述基本国策。习近平在主持十八届中央政治局第六次集体学习时指出，要坚持节约资源和保护环境的基本国策，努力走向社会主义生态文明新时代。2016 年 1 月 18 日，他在省部级主要领导干部学习贯彻党的十八届五中全会精神专题研讨班上进一步指出："我们要坚持节约资源和保护环境的基本国策，像保护眼睛一样保护生态环境，像对待生命一样对待生态环境，推动形成绿色发展方式和生活方式，协同推进人民富裕、国家强盛、中国美丽。"[①] 2018 年 5 月，他在全国生态环境保护大会上进一步强调了这一点。在总体上，将节约资源和保护环境确立为我国的基本国策，是我国生态文明制度创新的重大成果，为我国可持续发展提供了正确导向。

二、系统落实基本国策

贯彻和落实基本国策是一项复杂的社会系统工程。第一，加强基本国

---

① 中共中央文献研究室．习近平关于社会主义生态文明建设论述摘编．北京：中央文献出版社，2017：12.

策的宣传教育。通过加强向公众进行基本国策方面的宣传和教育工作，可以促进基本国策进一步深入人心，在提高公众对基本国策的认同度的基础上，提高其生态文明意识，促进其积极参与生态文明建设，有利于基本国策的执行。第二，加强基本国策之间的协调配合。为了从整体上贯彻和落实基本国策，自然资源部和生态环境部等相关行政部门应该加强协调配合，完善相关的部际工作协调机制。第三，明确坚持基本国策的落地途径。我们要把坚持绿色发展、建设人与自然和谐共生的现代化作为贯彻和落实基本国策的现实途径。习近平指出："坚持绿色发展，就是要坚持节约资源和保护环境的基本国策，坚持可持续发展，形成人与自然和谐发展现代化建设新格局，为全球生态安全作出新贡献。"① 目前，我们要把贯彻和落实基本国策与建设人与自然和谐共生的现代化结合起来。事实上，这就是推进生态文明建设的现实过程。

三、协同推进基本国策

人口、资源、环境、生态是自然条件的基本要素，是影响可持续发展的基本变量。根据生态文明建设面临的新形势和新任务，我们还必须坚持和完善计划生育的基本国策，将维护生态安全确立为基本国策。第一，坚持和完善计划生育基本国策。在人口、资源、环境、生态等要素中，人口是一个关键因素。罗马俱乐部的《增长的极限》运用系统动力学的方法已经科学揭示出了这一点。改革开放以来，我国实行计划生育政策，有效地降低了资源、环境、生态压力，促进了可持续发展。根据人口动态趋势，

① 中共中央文献研究室. 习近平关于社会主义生态文明建设论述摘编. 北京：中央文献出版社，2017：29.

我国已经两次调整计划生育政策，现在允许一对夫妻生育三个子女。2014年，习近平指出："中国有13亿多人，只要道路正确，整体的财富水平和幸福指数可以迅速上升，但每个个体的财富水平和幸福指数的提高就不那么容易了。同样一桌饭，即使再丰盛，8个人吃和80个人吃、800个人吃是完全不一样的。"① 因此，考虑到我国的生态足迹以及就业压力和社会经济发展综合水平，我们仍然需要坚持计划生育政策，不可无限制地鼓励生育。至于老龄化问题，应该通过其他途径加以应对。目前，尤其要考虑外来人口涌入尤其是非法移民涌入带来的生态压力、经济压力、社会稳定、政治安全等方面的问题。第二，确立和实施维护生态安全的基本国策。生态安全是影响可持续发展的基本变量，是影响国家安全的重要问题。我们要将维护生态安全上升到基本国策的高度，"构建集政治安全、国土安全、军事安全、经济安全、文化安全、社会安全、科技安全、信息安全、生态安全、资源安全、核安全等于一体的国家安全体系"②。在此基础上，我们要将人口、资源、环境、生态安全等方面的基本国策整合起来，发挥其协同作用。因此，我们应该将调整和完善生态文明领域的基本国策问题纳入生态文明制度建设中。此外，应该将实现碳达峰、碳中和上升到基本国策的高度。

　　总之，坚持和完善生态文明领域的基本国策，既是坚持和完善生态文明制度体系的任务，又是生态文明制度建设和创新的科学导向。

① 习近平. 在德国科尔伯基金会的演讲. 人民日报，2014-03-30（2）.
② 中共中央文献研究室. 习近平关于社会主义生态文明建设论述摘编. 北京：中央文献出版社，2017：58.

坚持节约优先、保护优先、自然恢复为主的方针

一项事业的成功发展，必须有明确方针。方针明确规定着事业前进的方向和目标。在以资源、环境、生态为基础工程的生态文明领域，必须坚持节约优先、保护优先、自然恢复为主的方针。这既是我国生态文明建设的方针，又是我国生态文明制度建设和制度创新的方针。

一、明确生态文明制度建设和制度创新的方针

作为影响可持续发展的自然要素，资源、环境、生态存在着是否具有可持续性的问题。保持资源的可持续性、环境的可持续性、生态的可持续性，是生态文明建设的最为基本和最为基础的要求。面对资源约束趋紧、环境污染严重、生态系统退化的严峻形势，党的十八大报告明确提出，推进生态文明建设，必须坚持节约优先、保护优先、自然恢复为主的方针。在此基础上，习近平在十八届中央政治局第六次集体学习时指出，必须坚持节约优先、保护优先、自然恢复为主的方针。《中共中央 国务院关于加快推进生态文明建设的意见》和《生态文明体制改革总体方案》都强调，要坚持这一方针。党的十九大进一步重申，必须坚持节约优先、保护优

先、自然恢复为主的方针。在全国生态环境保护大会上，习近平集中阐明了贯彻和落实这一方针的辩证法。他指出，"在整个发展过程中，我们都要坚持节约优先、保护优先、自然恢复为主的方针，不能只讲索取不讲投入，不能只讲发展不讲保护，不能只讲利用不讲修复"①。党的十九届五中全会进一步重申了这一方针。按照这一方针，我们必须努力做好资源工作、环境工作和生态安全工作，坚持和完善生态文明制度体系。

二、全面建立资源高效利用制度

自然资源是生产和生活所需要的物质原料的基本来源。在资源开发与利用中，我们要看到资源分为可再生和不可再生两类，对可再生资源的开发利用必须维持在其可再生的周期范围之内，对不可再生资源的开发利用必须维持在技术代替的周期范围之内。因此，必须坚持把节约放在优先位置，力求以最少的资源投入实现经济社会的可持续发展，全面建立资源高效利用制度。目前，围绕节约优先的原则，重点是要完善资源产权、总量管理和全面节约制度，健全资源节约集约循环利用政策体系，大力推进能源革命，健全海洋资源开发保护制度，健全自然资源监管体制。同时，我们要努力形成和大力践行节约适度的生活方式和消费方式。习近平引用唐代诗人白居易的话指出："天育物有时，地生财有限，而人之欲无极。以有时有限奉无极之欲，而法制不生其间，则必物暴殄而财乏用矣。"② 因此，我们要大力弘扬中华民族"取之有度，用之有节"的传统美德，在全

---

① 习近平. 推动我国生态文明建设迈上新台阶. 求是，2019（3）.

② 中共中央文献研究室. 习近平关于社会主义生态文明建设论述摘编. 北京：中央文献出版社，2017：118.

社会形成勤俭节约的生活方式和消费方式，树立节约就是增加资源、减少污染、造福人类的科学的生态理念，努力形成勤俭节约的良好社会风尚。这样，才能倒逼形成节约资源的生产方式，推动形成资源节约型社会。

三、实行最严格的生态环境保护制度

生态环境是人类活动的场所以及废弃物和排泄物的排放场地。在统筹生态环境保护与社会经济发展中，我们要看到环境存在一定的生态阈值。在一定时空条件下，自然界的承载能力、涵容能力、自我净化能力是有限的，人类活动必须维持在生态阈值之内。因此，必须把保护放在优先位置，坚持在社会经济发展中保护环境、在保护环境中实现社会经济发展，实行最严格的生态环境保护制度。目前，围绕着保护优先的方针，重点是要建立和完善生态环境保护体系，建立和完善国土空间开发保护制度，建立和完善推动绿色发展的制度，建立和完善生态环境治理体系，完善生态环境保护法律体系和执法司法制度。同时，我们要大力构建现代环境治理体系。在社会治理制度上，我们要"完善党委领导、政府负责、民主协商、社会协同、公众参与、法治保障、科技支撑的社会治理体系"[1]。在环境治理体系问题上，2020年3月，中共中央办公厅、国务院办公厅印发的《关于构建现代环境治理体系的指导意见》提出，要"构建党委领导、政府主导、企业主体、社会组织和公众共同参与的现代环境治理体系"[2]。综合起来看，我们同样应该将法治保障和科技支撑引入环境治理体系中，形

---

[1] 中共中央关于坚持和完善中国特色社会主义制度 推进国家治理体系和治理能力现代化若干重大问题的决定．人民日报，2019 - 11 - 06 (1).

[2] 中办国办印发《指导意见》 构建现代环境治理体系．人民日报，2020 - 03 - 04 (1).

成党委领导、政府主导、企业主体、民主协商、社会协同、公众参与、法治保障、科技支撑的现代环境治理体系，坚持以党的集中统一领导为统领，以强化政府主导作用为关键，以深化企业主体作用为根本，以民主协商、社会协同、公众参与为社会动员和组织机制，以生态环境法治为法治保障，以绿色科技为科技支撑，为生态文明建设提供制度保障。这样，我们才能建立起环境友好型社会。

四、健全生态保护和修复制度

生态安全是国家安全的自然前提和重要组成部分。在生态建设与修复中，我们要看到，生态系统的多样性、系统性、稳定性影响着生态安全，生态安全影响着国家的总体安全。生态系统的存在和运动有其复杂性规律，人类对生态系统的干扰存在着一定的滞后性，因此，必须坚持以自然恢复为主，坚持将自然恢复与人工修复相结合，健全生态保护和修复制度。目前，围绕自然恢复为主的方针，重点是要建立和健全生态保护和修复（恢复）制度，建立和完善国家公园保护制度，加强大江大河生态保护和系统治理，建立和完善生态安全体系。同时，结合这次新冠肺炎疫情的情况，我们要形成高度的生态风险意识，协调推进生物安全和生态安全。生物安全和生态安全存在相互交叉和相互重叠的复杂联系。习近平指出："生物安全问题已经成为全世界、全人类面临的重大生存和发展威胁之一，必须从保护人民健康、保障国家安全、维护国家长治久安的高度，把生物安全纳入国家安全体系。"[①] 因此，我们要把建立和完善生物安全制度、生

---

① 习近平 . 全面提高依法防控依法治理能力 健全国家公共卫生应急管理体系 . 求是，2020（5）.

态安全制度作为生态文明制度建设的重要内容。这样，我们才能夺取生态安全领域的伟大斗争的胜利，最终建设一个生态安全型社会。

总之，我们必须将节约作为保持资源可持续性的首位要求，将保护作为保持环境可持续性的首位要求，将自然恢复作为保持生态可持续性的首位要求。这样，就明确了我国生态文明制度建设和制度创新的方向和重点。

‖ 第五节 ‖
坚持生产发展、生活富裕、生态良好的文明发展道路

坚持和完善生态文明制度体系的直接目标是建设高度发达的生态文明。建设生态文明就是要坚持走生产发展、生活富裕、生态良好的文明发展道路。

一、确立生产发展、生活富裕、生态良好的文明发展道路

从我国人口众多、人均资源占有量少、环境污染重的国情出发，顺应追求可持续发展的国际潮流，我国从 1992 年参加里约联合国环境与发展大会之后开始采用可持续发展战略。在国际社会的语境中，可持续发展谋求的是代际公平。在确立可持续发展战略的同时，中国化马克思主义扩展

了其科学内涵。"三个代表"重要思想指出：在全面建设小康社会的过程中，要贯彻可持续发展战略，促进人与自然的和谐，推动整个社会走上生产发展、生活富裕、生态良好的文明发展道路。这里，明确将人与自然和谐作为可持续发展的核心，将生产发展、生活富裕、生态良好作为可持续发展要坚持走的文明发展道路。之所以将"三生"纳入可持续发展当中，就在于：生活是人的生存和发展的基本样态，生产是维持人类生活的物质基础和物质条件，生态是生产资料和生活资料的基本来源及物质支撑。只有"三生"协调，才能保证文明的存在和延续。科学发展观进一步指出："可持续发展，就是要促进人与自然的和谐，实现经济发展和人口、资源、环境相协调，坚持走生产发展、生活富裕、生态良好的文明发展道路，保证一代接一代永续发展。"① 这里，进一步将促进人口、资源、环境与经济发展相协调作为可持续发展的现实任务。在此基础上，中国共产党人创造性地提出了生态文明的科学理念。党的十八大以来，习近平反复强调，要全面推进经济建设、政治建设、文化建设、社会建设、生态文明建设，不断开拓生产发展、生活富裕、生态良好的文明发展道路。在提出坚持人与自然和谐共生基本方略时，党的十九大强调，要坚定走生产发展、生活富裕、生态良好的文明发展道路。这条道路是中国特色社会主义道路的重要组成部分，是人类文明新形态的重要组成部分，是我国社会主义生态文明建设必须坚持的道路。坚持和完善生态文明制度体系，同样必须沿着这条道路进行。

---

① 胡锦涛. 胡锦涛文选：第 2 卷. 北京：人民出版社，2016：167.

二、正确处理生产发展、生活富裕、生态良好的关系

无论是从人类生存还是从社会发展来看，都离不开生产发展、生活富裕、生态良好三者构成的整体。自然的先在性、条件性、客观性要求生产必须是绿色的生产，生活必须是绿色的生活，否则，生产和生活都难以持续。因此，坚持这条文明发展道路就意味着：第一，坚持绿色低碳循环发展。生态文明建设不是不要经济建设，不是不要工业文明，而是要建立在生产发展的基础上。在这个问题上，"生态主义前进的最好方法是对抗资本主义的工业主义的扩大，而不是作为多头兽的工业主义本身"①。只有生产发展了，工业化的水平提高了，才能为生态文明建设提供雄厚的经济基础。当然，发展必须是绿色低碳循环发展，工业化必须是新型工业化。因此，在生态文明制度建设中，我们要推动形成绿色低碳循环发展新方式。第二，倡导绿色低碳循环生活。生态文明建设不能脱离人的日常生活，尤其是不能干扰人民群众的正常生活秩序。当然，在追求美好生活的过程中，我们必须警惕资本主义消费文化对生活世界的殖民，反对奢侈消费和不合理消费，不能用生活之名侵占和破坏生态，而是要用生态来规范和引导生活，大力践行绿色低碳循环的生活方式和消费方式。因此，在生态文明制度建设中，我们要以满足人民群众的生态环境需要尤其是优美生态环境需要为根本目标，倡导简约适度、绿色低碳的生活方式和消费方式，完善促进绿色低碳循环的生活和消费的法律制度和政策导向。第三，追求绿色低碳循环的生态。生态文明建设必须以生态良好为自然条件。自然界是

---

① 多布森. 绿色政治思想. 郇庆治，译. 济南：山东大学出版社，2005：242.

人类生产资料和生活资料的基本来源，人类依靠自然界生产和生活，因此，人类的生产和生活都必须以尊重自然界和遵循自然规律为前提。自然界并非完全适应人的生产和生活。自然以"仁慈的养育者"和"残暴的施虐者"的双重形象出现在人类面前，就后者来看，"不可控制的野性的自然，常常诉诸暴力、风暴、干旱和大混乱"①。因此，人类还要改造自然界，否则，人类就难以生存。当然，这种改造也要遵循自然规律，否则，得不偿失，会遭到自然界的"报复"和"惩罚"。因此，在健全生态保护和修复制度的过程中，按照恢复生态学的科学原理和方法，我们必须统筹保护、修复和利用、改造之间的关系。这样，才能保持生态良好。

总之，生态良好是基础，生产发展是手段，生活富裕是目的，三者的完美统一就是我们追求的生态文明。生态文明制度建设也应该沿着这一道路向前推进。

‖ 第六节 ‖
坚持建设美丽中国的战略目标

在当代中国，建设生态文明，就是要建设美丽中国。这同样是坚持和

---

① 麦茜特. 自然之死：妇女、生态和科学革命. 吴国盛，等译. 长春：吉林人民出版社，1999：2.

完善生态文明制度体系的战略目标。

一、确立和坚持建设美丽中国的战略目标

我们建设生态文明必须将脚踏实地和远大理想统一起来，而不能将生态文明看作与民族复兴和国家发展无关的纯粹的绿色乌托邦。党的十八大提出，建设生态文明是关乎民族未来的长远大计，必须把生态文明建设放在突出地位，努力建设美丽中国，实现中华民族永续发展。美丽中国就是社会主义生态文明建设在当代中国的要求和目标，就是在人与自然的关系问题上将合规律性和合目的性统一起来，按照美的规律构造。党的十八大以来，习近平生态文明思想将建设美丽中国作为实现中华民族伟大复兴的主要内容和重要追求。2013 年 7 月 18 日，习近平在致生态文明贵阳国际论坛 2013 年年会的贺信中指出："走向生态文明新时代，建设美丽中国，是实现中华民族伟大复兴的中国梦的重要内容。"[1] 这标志着我们党对中国特色社会主义规律认识的进一步深化，表明了我们党加强生态文明建设的坚定意志和坚强决心。在此基础上，党的十九大将建设美丽中国的目标纳入党的基本路线中。"中国共产党在社会主义初级阶段的基本路线是：领导和团结全国各族人民，以经济建设为中心，坚持四项基本原则，坚持改革开放，自力更生，艰苦创业，为把我国建设成为富强民主文明和谐美丽的社会主义现代化强国而奋斗。"[2] 这就表明，生态文明不仅是我国现代化的一个构成方面（生态环境领域的现代化），而且是我国现代化建设事业

---

[1] 中共中央文献研究室. 习近平关于社会主义生态文明建设论述摘编. 北京：中央文献出版社，2017：20.
[2] 中国共产党章程. 人民日报，2017-10-29（1）.

的原则、目标和方向（将生态文明全面地、系统地融入经济建设、政治建设、文化建设、社会建设各方面和全过程）。最终，我国要以经济发展、政治清明、文化繁荣、社会稳定、人民团结、山河秀美的形象屹立于世界东方。生态文明制度建设和制度创新同样要围绕着这一目标进行。

二、统筹推进美丽中国建设与健康中国建设

民族复兴和国家发展都要服务和服从于人民健康和人民幸福。良好的生态环境是人民健康和人民幸福的重要保障。习近平指出："绿水青山不仅是金山银山，也是人民群众健康的重要保障。"[①] 因此，我们要统筹推进美丽中国建设与健康中国建设。同美丽中国一样，健康中国也是我国的重大国家战略。2016 年 8 月，习近平在全国卫生与健康大会上科学阐明了"健康中国"的科学理念，要求从以治病为中心转变为以人民健康为中心。党的十九大明确提出，要实施健康中国战略。现在，国际学术界已经认识到，人类、动物和生态系统的健康紧密相连，应该形成"一体化健康"（one health）的大健康理念[②]。目前，围绕着统筹推进美丽中国建设与健康中国建设，从生态文明制度建设和制度创新的角度，我们应该做好以下工作：第一，努力减少生态风险和环境风险对人民生命安全和身心健康的威胁，把生态环境风险预警机制纳入国家风险防控机制中。第二，切实维护生物安全和生态安全，将之纳入国家安全体系中，系统规划生物安全和生态安全治理体系建设，全面提高国家生物安全和生态安全治理能力现代化水平。第三，高度重视环境与健康、生态与健康的关系，建立健全环境

---

① 中共中央文献研究室．习近平关于社会主义生态文明建设论述摘编．北京：中央文献出版社，2017：90.

② Destoumieux-Garzón, D., et al. The one health concept：10 years old and a long road ahead. Frontiers in veterinary science，2018，5（14）.

与健康、生态与健康方面的监测、调查、风险评估制度，从制度上保障环境医学和生态医学的发展。第四，按照始终把人民群众生命安全和身体健康放在第一位的要求，加快构建生物安全法和生态安全法，研究制定环境与健康法、生态与健康法。这样，才能确保人民群众的生命安全和身体健康。

三、统筹推进美丽中国建设与清洁美丽世界建设

面对全球性问题的严峻挑战，立足于地球村的客观实际，按照人类命运共同体的科学理念，在加强美丽中国建设的同时，我们还必须统筹推进美丽中国建设与清洁美丽世界建设。为了保护好人类赖以生存的地球家园，党的十九大呼吁，各国人民同心协力，建设"清洁美丽的世界"。经过持续不懈的努力，我国现在已经成为全球生态文明建设的重要参与者、贡献者、引领者。在切实有效维护国家总体安全的前提下，我们要积极参与全球生态环境治理，积极履行已经加入的国际生态环境公约；我们要积极开展绿色发展方面的国际合作、对外交流、对外援助，打造绿色"丝绸之路"；我们要虚心学习国外尤其是西方国家的生态环境治理的先进经验，调整和完善我国的生态文明制度体系。最终，我们要为全球生态环境治理提供中国方案、贡献中国智慧。美丽中国与清洁美丽世界的交相辉映，体现出我国生态文明制度建设和制度创新的美好愿景。

总之，只有紧密围绕建设美丽中国的目标，统筹推进美丽中国建设与健康中国建设，统筹推进美丽中国建设与清洁美丽世界建设，我们才能搞好生态文明制度建设和制度创新。

综上，只有坚持把生态文明建设摆在重要的战略地位，坚持以习近平生态文明思想为根本遵循，坚持节约资源和保护环境的基本国策，坚持节

约优先、保护优先、自然恢复为主的方针，坚持生产发展、生活富裕、生态良好的文明发展道路，坚持建设美丽中国的战略目标，我们才能搞好生态文明制度建设和制度创新，最终才能为建设人与自然和谐共生的现代化提供切实有效的制度保障和治理保障。

第八章

建设人与自然和谐共生现代化的动员机制

建设人与自然和谐共生的现代化是全社会的大事，必须形成和强化全民行动体系。党的十八大以来，在习近平生态文明思想的指导下，在长期科学探索的基础上，我们在这方面已经形成了一系列制度创新成果，促进我国生态环境保护和生态文明建设发生了历史性、转折性、全局性变化。中共中央办公厅、国务院办公厅印发的《关于构建现代环境治理体系的指导意见》（以下简称《指导意见》）提出，必须建立健全环境治理全民行动体系。环境治理全民行动体系是现代环境治理体系的重要构成部分，环境治理体系是生态环境领域国家治理体系的重要构成部分。因此，建立和健全环境治理全民行动体系对于建设人与自然和谐共生的现代化具有重大的战略意义和价值，我们必须切实做好这一工作。

第一节
建立健全中国特色环境治理全民行动体系的科学探索

在西方社会，由资本主义内在矛盾造成的环境危机引发了环境运动和环境非政府组织的强烈抗议。这种抗议影响到了剩余价值的实现，因此，在市场经济的框架下，西方社会对环境运动和环境非政府组织采用了"招安"的策略，被迫确立了"多元"的环境治理模式。与之截然不同，我国的生态环境保护和生态文明建设具有预防性和前瞻性的特征，将全民行动作为重要的社会动员和社会组织模式。

中国共产党始终按照马克思主义群众观推进生态文明领域的社会动员。在马克思主义看来，"历史活动是群众的活动，随着历史活动的深入，必将是群众队伍的扩大"①。新中国成立初期，中国共产党人就创造性地开展过植树造林、环境卫生、防洪抗旱等具有生态环境保护性质的群众运动。在 20 世纪 70 年代初期，当我国环境问题刚露端倪的时候，党和政府就意识到了问题的严重性，启动了环境保护工作，将党的群众路线创造性地运用到这一工作当中。1973 年，我国正式确立了"全面规划、合理布局、综合利用、化害为利、依靠群众、大家动手、保护环境、造福人民"的环保工作方针。这样，"依靠群众、大家动手"就开启了中国特色环境保护的全民动员和全民组织的传统和模式。改革开放以来，全民义务植树运动进一步发展了这一传统和模式，成为推动中国绿化和地球绿化的重要力量。显然，坚持党的群众路线，是毛泽东思想和邓小平理论在环境治理全民行动体系问题上的创造性贡献。

1992 年之后，在社会主义市场经济的背景下，顺应可持续发展的国际潮流，我国将"公众参与"引入可持续发展战略当中。1992 年，联合国《里约环境与发展宣言》提出："环境问题最好是在全体有关市民的参与下，在有关级别上加以处理。"② "三个代表"重要思想强调，必须建立和完善公众参与制度，鼓励群众参与改善和保护环境。科学发展观强调，要为公众参与环境保护创造条件。2005 年 12 月 3 日，《国务院关于落实科学发展观加强环境保护的决定》提出，要发挥社会团体和公众参与的作用，

---

① 马克思，恩格斯 . 马克思恩格斯文集：第 1 卷 . 北京：人民出版社，2009：287.
② 迈向 21 世纪：联合国环境与发展大会文献汇编 . 北京：中国环境科学出版社，1992：30.

鼓励检举和揭发各种环境违法行为，推动环境公益诉讼。

党的十八大以来，以习近平同志为核心的党中央大力推动生态环境领域的国家治理体系和治理能力现代化，十分注重全民行动和公众参与。在社会主义市场经济条件下，随着政企和政社的分离，形成了政府、企业、社会构成的三元社会主体结构。这三者都是环境治理的主体。因此，2015年7月13日，环境保护部发布《环境保护公众参与办法》。2015年10月29日，党的十八届五中全会要求形成政府、企业、公众共治的环境治理体系，明确提出了环境治理体系的概念，确立了三方共治的结构。2017年10月18日，党的十九大要求构建政府为主导、企业为主体、社会组织和公众共同参与的环境治理体系，进一步明确了三方在共治格局中的不同作用。党政军民学，东西南北中，党是领导一切的。因此，必须坚持党对生态环境领域国家治理现代化的领导。2018年5月18日，习近平在全国生态环境保护大会上提出，必须坚持党委领导、政府主导、企业主体、公众参与。根据这一精神，我们要构建党委领导、政府主导、企业主体、社会组织和公众共同参与的现代环境治理体系，建立健全环境治理的领导责任体系、企业责任体系、全民行动体系、监管体系、市场体系、信用体系、法律法规政策体系。全民行动体系就是社会组织和公众共同参与的制度体系。

这样，习近平生态文明思想确定了中国特色环境治理体系的结构，明确将全民行动体系作为环境治理的社会动员和社会组织的制度支撑。

第二节

建立健全中国特色环境治理全民行动体系的基本要求

习近平生态文明思想为建立健全中国特色环境治理全民行动体系奠定了科学的理论基础。从生态文明建设对于全体人民的价值来看，生态文明建设是人民群众共同所有、共同参与、共同建设、共同享有的事业，必须把建设美丽中国转化为全体人民的自觉行动。从全体人民对于生态文明建设的责权利来看，每个人都是生态环境的保护者、建设者、受益者，没有谁是生态文明建设的旁观者、局外人、批评家，谁也不能只说不做、置身事外。根据这一精神，2018 年 6 月 16 日，《中共中央 国务院关于全面加强生态环境保护 坚决打好污染防治攻坚战的意见》将"坚持建设美丽中国全民行动"作为习近平生态文明思想的核心要义之一，并提出了"构建生态环境保护社会行动体系"的任务要求。《指导意见》提出的环境治理全民行动体系就是将上述思想和任务转化为制度安排的科学设计。

环境治理全民行动的原则。习近平指出，共享发展是全民共享、全面共享、共建共享、渐进共享的统一。按照新发展理念，我们必须将绿色发展和共享发展统一起来，按照以下原则推进全民行动：第一，坚持共有。只有坚持资源共有，才能保证生态环境保护成为一项普遍性的社会公益事业，才能确保人民群众平等地享有生态环境权益。按照我国宪法的规定，2015 年 9 月，中共中央、国务院印发的《生态文明体制改革总体方案》提出，必须"坚持自然资源资产的公有性质"①。在坚持这一制度的前提下，我们可以探索所有权、承包权、经营权的分置问题。第二，坚持共建。在国家为全体人民大力提供生态产品和生态服务的前提下，所有社会成员都有责任和义务参与生态环境保护和生态文明建设。生态环境保护是全体公民应尽的责任和义务。第三，坚持共治。在市场经济条件下，政府和市场都存在失灵的可能性，因此，实现生态环境领域国家治理现代化必须调动全社会的力量，形成政府、市场、社会、公众合作共治的局面。第四，坚持共享。在坚持共建共治的前提下，全体人民有权分享全民所有自然资源资产收益，有权分享生态环境保护的成果，有权共享生态文明建设的成果。

环境治理全民行动的主体。按照《环境保护公众参与办法》，参与的主体包括公民、法人和其他组织。由于专门突出了企业主体的作用，按照《指导意见》，全民行动主体主要包括两个层次：一是从群体层次来看，必须发挥各类社会团体的作用。在发挥各自作用的基础上，应该形成人民团体、中介组织和环保组织共同行动的社会合力。二是从个体层次来看，所有公民都必须提高自身的生态文明素养，践行绿色低碳循环的生活方式。在这方面，各级党政干部必须发挥模范带头作用。

环境治理全民行动的法权。责权利是不可分割的整体，在促进全体人民切实履行生态环境保护的责任和义务的同时，国家必须切实保障全体人民的生态环境权益。习近平指出，必须把党的群众路线贯彻到治国理政全

---

① 中共中央国务院印发《生态文明体制改革总体方案》. 人民日报, 2015 - 09 - 22 (14).

部活动中，坚持科学决策、民主决策、依法决策；必须切实保障人民当家作主的权利，切实保障其知情权、参与权、表达权、监督权。1972 年，联合国《人类环境宣言》声明，"人类有权在一种能够过尊严和福利的生活的环境中，享有自由、平等和充足的生活条件的基本权利，并且负有保护和改善这一代和将来的世世代代的环境的庄严责任"①。因此，我们必须将"环境权"或"生态环境权益"的理念引入环境治理全民行动体系中。这样，才能为环境公益诉讼等公众参与的方式提供法理依据，才能真正调动起全体人民参与环境治理的能动性、积极性和创造性。

将社会主义人权事业和生态文明建设事业统一起来，必须切实保障全体人民的下述权益：第一，环境知情权。全体人民享有了解政府环境政务信息和企业环境治理信息的权利，政府和企业有责任和义务向全体公民公开环境信息，并保证对信息的真实性负责。第二，环境决策权。按照党的群众路线，全体人民在环境治理中具有献计献策的权利，具有全程参与决策的权利。政府在做出环境决策时必须集思广益，形成调节反馈机制，能够及时有效将公众合理性意见转化为政府实质性环境政策。第三，环境参与权。全体人民有参与生态环境保护和生态环境治理的权利，国家必须切实保证和推动公众的依法参与。第四，环境表达权。全体人民具有评议国家环境政策尤其是涉及自身合法权益的政策的权利，具有表达不同意见甚至是反对意见的权利。国家应该拓宽公民表达的渠道，从善如流，正确处理维稳和维权的关系，将维权看作维稳的基础，将维稳的实质归结为维权。第五，环境监督权。全体人民有监督国家行政部门环境执法尤其是不

---

① 迈向 21 世纪：联合国环境与发展大会文献汇编. 北京：中国环境科学出版社，1992：157.

作为和乱作为的权利，有检举和控告环境事件和环境事故的权利。国家必须切实保障人民群众的监督权，保护参与监督的公众的隐私和权益。当然，在国家切实保证人民群众各项生态环境权益的同时，全体公民不能以维护生态环境权益的名义谋取个人私利尤其是不当私利，不能使环境维权行为成为敌对势力危害社会稳定和国家安全的工具。

环境治理全民行动的方式。从国家的角度来看，生态环境行政管理部门可以通过征求意见、问卷调查、座谈会、论证会、听证会等方式鼓励和支持全民行动，应该通过奖励和表彰、项目资助、购买服务等方式鼓励和支持全民行动。从社团和个人的角度来看，可以通过提出意见、举报、控告等方式参与环境治理，可以通过参与环保公益活动、践行绿色生活方式等方式参与环境治理。现在，环境公益诉讼已经成为环境治理全民行动的重要方式。

总之，环境治理全民行动体系是一个复杂系统，建立和健全这一系统是实现国家环境治理体系和环境治理能力现代化的重要任务和使命。

第三节

建立健全中国特色环境治理全民行动体系的主体选择

把全社会的力量都调动起来，建立和健全环境治理体系，是贯彻落实

"坚持人与自然和谐共生"基本方略的必由之路和体制保障。我们要充分认识形成绿色发展方式和绿色生活方式的重要性、紧迫性、艰巨性，加快构建政府、企业、公众共治的绿色行动体系。党的十九大报告明确提出，着力解决突出环境问题，必须"构建政府为主导、企业为主体、社会组织和公众共同参与的环境治理体系"①。贯彻党的十九大精神，在建设社会主义法治国家的框架中，构建中国特色的环境治理体系，成为推动生态文明领域国家治理现代化的重要任务。

一、发挥政府的主导作用

在环境治理中，政府必须发挥主导作用。理由有三：第一，这是解决环境污染问题的必然要求。环境污染问题是典型的外部不经济性问题，单纯依赖市场或企业根本不可能解决这类问题。第二，这是提供生态环境产品的必然要求。生态环境产品是典型的公共产品或准公共产品，单纯依赖市场或社会根本不可能提供这类产品，必须发挥政府的主导作用。在我国社会主要矛盾发生变化的情况下，这一点尤为重要。第三，这是建设服务型政府的必然要求。经过长期实践探索，我们现在明确将经济调节、市场监管、社会治理、公共服务、环境保护确定为政府的基本职能。明确政府在环境治理中的主导地位，有助于转变政府的职能，是建设服务型政府的题中之义。站在维护公共利益和人民群众利益的高度看，政府要善于综合运用各种政策手段，推动环境治理。

在环境治理中，政府应该采用以下手段：一是坚持行政手段和市场手

---

① 习近平．决胜全面建成小康社会 夺取新时代中国特色社会主义伟大胜利：在中国共产党第十九次全国代表大会上的报告．人民日报，2017-10-28（1）．

段的统一。为了有效防范外部不经济性问题，政府既要利用环境规划、公共财政等行政手段促进环境治理，也要依据环境损害成本等方面的情况运用市场手段促进环境治理。政府运用市场手段进行环境治理，可以促进外部问题的内部化，增强企业环境治理的自觉性和创造性。二是坚持环境手段和社会手段的统一。政府在出台环境政策的同时，必须考虑到环境治理可能带来的民生问题，要预防由此引发的社会稳定问题。目前，在环境督查工作中，尤其要提出切实可行的统筹环境政策和社会政策的对策。只有以社会政策为托底的环境政策，才能有效推进环境治理。三是坚持德治手段和法治手段的统一。在运用法治手段推进环境治理的同时，政府必须推动生态文明成为社会主流价值观，推动全社会牢固树立和大力践行社会主义生态文明观，要在法律中确定树立和践行社会主义生态文明观的原则和要求。

此外，政府的所有行政行为都要严格遵循生态化的原则和要求，努力将自身打造成为生态型政府，在生态文明建设中发挥表率作用。

二、发挥企业的主体作用

在国家治理中，必须形成风清气正的新型政企关系、政商关系，充分发挥企业在环境治理中的主体作用。理由有三：一是在市场经济条件下，企业是与政府、社会不同的主体，它既是经济行为的主体，也是环境行为、社会行为的主体。现在，企业的环境行为和社会行为对全社会的环境行为和社会行为具有重要影响。二是企业的环境行为是影响可持续发展的关键变量，企业的环境污染行为是造成环境污染的主要原因之一，企业的环境友好行为是实现绿色发展的重要动力之一。现在，是否是绿色企业已经成为影响企业竞争力的关键因素。三是企业的社会行为是影响企业可持续生存和发展的重要因素，企业不仅要履行一般的社会责任，而且要履行环境责任。现在，企业履行环境责任的情况是评判企业社会形象的重要标尺。

企业生产和经营必须坚持经济利润、社会责任、环境保护的统一，通过促进自身的可持续发展带动全社会的可持续发展。为此，一是要引入环境会计和环境审计等绿色管理方式，促进企业生产和经营的绿色化，降低外部不经济性给企业带来的各种风险。二是要做好劳动保护和安全生产等方面的工作，切实保护劳动者的生态环境权益，全力避免企业生产造成的生态环境问题给劳动者人身安全和身体健康带来的威胁和危害。三是要不断推动企业的技术创新和制度创新，构建市场导向的绿色技术创新体系，带动全社会实现产业结构、生产方式和发展方式的绿色化。四是要公开披露企业环境信息，虚心接受政府、社会和民众的批评和监督，完善企业内部的环境治理。

在这个过程中，要充分发挥国有企业的示范作用。习近平指出："国有企业要有社会责任，节能减排做得如何就是对国有企业承担社会责任的检验。"[①] 推而广之，国有企业在环境治理中的示范作用，直接关系着在生态文明领域中能否实现共有、共建、共治、共享，直接关系着我们建设的生态文明的社会主义性质，直接关系着人与自然和谐共生现代化的社会主义性质。

---

① 中共中央文献研究室．习近平关于社会主义生态文明建设论述摘编．北京：中央文献出版社，2017：118.

三、发挥社会组织的协同作用

在环境治理中，必须发挥社会组织的协同作用。理由有三：一是在市场经济的条件下，随着政企分开，在政府和企业之间自然会留出一个中间地带，而执政党不可能包揽这个领域的一切事务，这样就为社会组织的发展留下了空间。二是环境治理涉及的问题具有公共性、复杂性和滞后性等特征，任何一种单独的社会力量都难以独自解决这一领域的问题，需要发挥全社会的积极性、能动性和创造性，这样就为社会组织的参与提供了可能性和必要性。三是中国共产党领导人民构建社会主义和谐社会是决胜全面建成小康社会、建设社会主义现代化强国的重要任务，必须将构建和谐社会的"人与自然和谐相处"的要求与构建和谐社会的"共同建设、共同享有"的原则统一起来，这样就要求以社会组织协同的方式推进环境治理。

在环境治理中，必须形成广泛的社会动员。一是要充分发挥基层民主的作用。基层民主是社会主义民主最广泛的实践，是发展社会主义民主的基础性工作。我们既要充分发挥工会、共青团、妇联等人民团体在环境治理中的作用，也要充分发挥村委会、居委会和职代会在环境治理中的作用。二是要充分发挥行业协会的作用。作为行业自治组织的行业协会，是一种重要的社会组织。行业协会在制定行业环境标准、监督企业环境行为、促进企业可持续发展等方面可以发挥独特的作用。三是充分发挥环境社会组织的作用。环境社会组织是社会力量介入和参与环境治理的重要组织形式，可以弥补政府和市场的不足。我们要引导环境社会组织参与到环境治理中来，发挥它们在开展社会生态文明教育、推动社区生态环境整治、倡导绿色生活方式等方面的作用。

当然，任何一种社会组织都必须在依法治国的框架中参与环境治理，必须加强内部治理，全力避免和有效防范社会失灵，尤其是不能成为敌对势力利用的工具。

四、发挥公众的参与作用

在环境治理中，必须充分发挥公众的参与作用。理由也有三：一是没有每个个体作用的发挥，就形成不了强大的社会合力。尽管社会是一种群体性的存在，但是每个个体的行为都会对整个社会行为产生影响。只有每个个体充分发挥其在环境治理中的作用，才能形成强大的社会合力。二是环境治理需要每一个人的介入和参与。习近平指出："生态文明建设同每个人息息相关，每个人都应该做践行者、推动者。"① 因此，环境治理必须重视每个人的主体作用。三是在环境治理中必须坚持党的群众路线。群众路线是党的根本的政治路线，要求我们在一切工作中都要坚持从群众中来、到群众中去。将之贯彻在环境治理中，就是要注重发挥公众在环境治理中的参与作用。

人民群众是历史活动的主体，是国家和社会的主人。发挥公众参与环境治理的作用，必须从满足人民群众的生态环境需要出发，充分保障其环境权。一是要保障公众环境知情权。公众应享有了解行政机关掌握的环境信息的权利，有环境信访的权利，国家应为之提供便利和保障，切实保障其知情权。二是保障公众环境监督权。公众既有保护环境的义务，也有对环境肇事者、责任者进行检举和控告的权利，国家必须充分保障其监督

---

① 中共中央文献研究室．习近平关于社会主义生态文明建设论述摘编．北京：中央文献出版社，2017：122.

权。三是保障公众环境决策权。按照全过程民主的原则，公众在环境治理中有建言献策的权利。政府要坚持党的群众路线，将环境决策的科学化、民主化、法治化统一起来。四是保障公众的环境参与权。人民群众有权参加一切环境治理活动，国家鼓励人民群众以适当方式依法参与环境治理。当然，每个人都要遵纪守法，努力做社会主义生态文明观的践行者和推动者。只有这样，才能做好参与环境治理的工作。

不同于以"多元"或"多中心"为特征的西方环境治理，中国特色环境治理是在中国共产党的领导下，按照依法治国的基本方略，以"全民共治"和"综合治理"为主要特征的环境治理。在社会主义法律的框架下，中国共产党是政府、企业、社会组织和公众共同参与环境治理的发起者、决策者和监督者，在环境治理中发挥着总揽全局、协调各方的领导核心作用。"党政同责、一岗双责"、中央环保督察等党内制度和法规，在我国生态环境治理中发挥了关键作用。只有始终坚持党的领导，环境治理才能取得切实成效。

第四节

建立健全中国特色环境治理全民行动体系的现实选择

由于公民个体是社会的微观基础，其言行直接影响着环境治理的成效，因此，我们必须将提升公民的生态文明素养、能力和水平作为工作重点。围绕着这一重点，不断强化社会的监督作用，不断发挥各类社会团体的作用。

坚持用习近平生态文明思想武装全体人民头脑。现在，我国公民的生态文明素养普遍提高，但由于一系列复杂因素的影响，"邻避情结"严重影响着环境治理全民参与及其实际成效。因此，亟须用习近平生态文明思想进一步武装全体人民头脑。第一，在人与自然关系方面，应该引导全体人民牢固树立人与自然是生命共同体的科学理念，学会敬畏自然、尊重自然、顺应自然、保护自然，实现人与自然和谐共生。第二，在人与人关系方面，应该引导全体人民牢固树立社会主义大家庭的科学理念，学会关心和关爱他人，承认和尊重他人的生态环境权益，努力维护生态环境领域的公平正义。第三，在人与国家关系方面，应该引导全体人民牢固树立建设美丽中国的科学理念，热爱祖国的大好河山，维护国家的生态环境主权，为把我国建设成为富强民主文明和谐美丽的社会主义现代化强国而努力奋斗。第四，在人与世界关系方面，按照人类命运共同体的科学理念，应该引导全体人民牢固树立建设清洁美丽的世界的科学理念，形成建设持久和平、普遍安全、共同繁荣、开放包容、清洁美丽的世界的国际主义情怀。为此，我们要充分发挥各种社会力量的作用，有效利用现代教育和传播手段，加强生态环保与生态文明宣传和教育工作，为全体人民提供生态环保与生态文明方面的精神文化产品和精神文化服务。这样，我们才能全面提升全体人民的生态文明思想道德境界。

促进全体人民投身于社会主义生态文明建设事业。按照党的十九大精神，按照《指导意见》以及环境保护部2015年发布的《关于加快推动生活方式绿色化的实施意见》、生态环境部等部门 2018 年发布的《公民生态环境行为规范（试行）》，我们应该从以下几方面促进公民投身于生态文明建设：第一，必须在全社会大力倡导和践行简约适度、绿色低碳的生活方式，积极开展垃圾分类。政府和企业应该促进生产、流通、消费、回收等环节的绿色化；公民个人应该在衣食住行等方面都实现绿色化，禁食野生动物；社会应该搭建促进生活方式绿色化的网络、平台和环境，坚持用生活方式的绿色化倒逼生产方式的绿色化。第二，各种社会力量应该大力组织开展各种生态环境保护和生态文明建设公益活动，如植树造林、垃圾分类、节能减排、爱国卫生等，公民个人应该积极参加各类生态环保志愿服务活动，努力做一个生态环保和生态文明建设的志愿者。第三，各类生态环境治理应该向社会和公众积极开放，如中央生态环境保护督查工作要坚持党的群众路线，构建绿色导向的技术创新体系要大力推进绿色技术众创，生态环境公益诉讼活动要扩大适格主体范围以吸收公众参与，环境新闻舆论监督要积极听取群众意见。第四，各类工作单位要结合自身的工作实际促进绿色发展和环境治理，公民个体要立足于工作岗位积极参与单位的绿色发展和环境治理，为创建绿色机关、绿色企业、绿色学校、绿色社团做出自己的贡献。第五，家庭应该形成崇尚绿色生活的氛围，家长应该通过自己的言传身教给子女以潜移默化的影响，教育和引导孩子从小形成简约适度、绿色低碳的生活方式，杜绝和避免奢华、浪费等落后的生活习惯。

总之，只有将社会主义生态文明观尤其是习近平生态文明思想内化于心、外化于行，知行合一，提高全体人民的生态环保和生态文明素养、能力和水平，我们才能有效建立健全环境治理全民行动体系。

　　健全环境治理体系，必须在坚持党的集中统一领导的前提下，坚持多方共治，发挥政府、企业、社会组织和公众各自的积极性，形成全社会共同推进环境治理的良好格局。要提高党委领导环境治理的能力和水平，提高政府主导环境治理的能力和水平，提高作为治理主体的企业参与环境治理的能力和水平，提高社会协同环境治理的能力和水平，提高公众参与环境治理的能力和水平。这样，才能进行广泛社会动员，构筑强大的社会合力。当然，这一切都必须在依法治国的框架中进行。在此基础上，才能为建设人与自然和谐共生的现代化提供广泛的社会动员。

第九章

建设人与自然和谐共生现代化的创新抉择

在完成全面建成小康社会战略任务之后，全面建设社会主义现代化国家成为"四个全面"战略布局的重要内容，成为"四个全面"的战略任务和目标。因此，我们必须在"四个全面"战略布局中，在整个现代化建设格局中，以创新的方式来建设人与自然和谐共生的现代化。

｜ 第一节 ｜

建设人与自然和谐共生现代化的社会制度抉择

资本主义现代化造成了严重的生态危机，并将之上升和扩大为全球性问题。在反思西方现代化（工业化）生态弊端的基础上，20 世纪 80 年代，一些西方学者提出了生态现代化（EM）理论。"生态现代化代表了一种主要转型，即一种从工业化进程到考虑维持供养基础方向的生态转型。正如可持续发展概念一样，生态现代化表明克服环境危机不脱离现代化路径的可能性。生态现代化可以被解释为生产和消费过程的生态重建。"① 将之运用到现实中，EM 理论提供了一种生态与经济相互作用的模式，其目的在于将存在于发达市场经济当中的现代化驱动力与长远要求联结起来。这是可持续发展的西方版本。如同风险社会理论一样，西方 EM 理论和模式是

---

① Gert Spaargaren, Arthur P. J. Mol. Sociology, environment, and modernity: ecological modernization as a theory of social change. Society and natural resources, 1992 (4).

一种"自反式"的现代化理论和模式，对于促进西方环境革新和生态治理具有重要的作用。

在努力夺取新时代中国特色社会主义伟大胜利的进程中，我们党创造性地提出，我们要建设的现代化是人与自然和谐共生的现代化。从其含义来看，人与自然和谐共生是客观存在的一般规律，是指人与自然之间具有系统发生和协同进化的关系（可将之简称为生态化或绿色化）。现代化是人类社会发展不可跨越的阶段，主要是指从农业社会向工业社会的转变过程。因此，工业化是现代化的基础和核心。在总体上，建设富强民主文明和谐美丽的社会主义现代化强国，要求将生态化（美丽中国）作为现代化的重要组成部分。相比之下，建设人与自然和谐共生的现代化，要求将人与自然和谐共生作为整个现代化的总体规定（定语）。这不仅意味着生态化是现代化的重要任务和战略目标，而且意味着生态化是现代化的基本原则和重要方向。因此，建设人与自然和谐共生的现代化，就是要实现现代化和生态化的互补、兼容和交融，就是要推进社会主义生态文明和社会主义现代化的一体化建设。

但是，我们不能简单将建设人与自然和谐共生的现代化看作中国特色的生态现代化模式，或生态现代化的中国方案。在本质上，EM 理论和模式是一种"绿色资本主义"方案，试图通过促使资本逻辑生态化的方式来维护资本主义的永续性。建设人与自然和谐共生的现代化是建设社会主义生态文明和建设社会主义现代化国家的重要组成部分和内在追求，始终坚持社会主义道路和社会主义方向。在总体上，现代化没有所谓"普世"的道路和模式，它必须与具体的文化传统或历史传统相结合。建设人与自然和谐共生的现代化，是中国共产党提出的一种融合生态文明建设战略和现代化建设战略的创新战略。

在总体上，建设人与自然和谐共生的现代化，就是要始终坚持社会主义现代化道路，始终坚持中国特色社会主义道路，努力寻求一条中国特色的生态创新之路，实现生态化和现代化的内在统一，实现社会主义生态文明建设和社会主义现代化建设的有机统一。

┃ 第二节 ┃

建设人与自然和谐共生现代化的创新动力抉择

在"四个全面"战略布局中，全面建设社会主义现代化国家是总体战略任务，建设人与自然和谐共生的现代化是其组成部分和方向。这实际上就是要通过绿色发展的方式实现现代化，建设好生态文明。生态文明是建设人与自然和谐共生现代化的重要目标和重要成果。作为新发展理念的一个重要构成方面，绿色发展最终要依赖创新发展。创新在我国现代化建设全局中居于核心地位，在建设人与自然和谐共生现代化中可以发挥关键作用。除了发挥全面创新的作用之外，关键是要将科技创新和制度创新统一起来，形成强大的绿色创新合力。

在西方社会，尽管 EM 突出"社会革新"的必要性和重要性，但它十分重视"生态创新"在实现生态现代化中的作用。一方面，它将先进技术作为生态现代化的核心要素，要求大力推进技术创新。但是，并非任何技术创新都有益于环境，因此，必须关注技术创新在改变社会的物质变换的生态属性中的关键作用。其中，"技术创新是否也是环境创新的另一种判定方式取决于，该项新技术是否有利于大力提高生态效率并且提高物质变换的连贯性。这些词汇与可持续性的论述以及工业物质变换紧密相连"①。是否降低资源能源的消耗、是否降低污染物的排放，是衡量科技及其创新的绿色化程度和水平的重要指标。只有提高生态效率、保持人与自然之间物质变换的技术，才是支持生态现代化的技术。这样，就突出了绿色技术创新对于生态现代化的推动作用。另一方面，EM 突出了革新经济政策和环境政策的必要性和重要性，要求大力推进政策创新。在经济政策方面，要从传统经济政策转向生态经济政策，要将按照生态学原则调整产品结构和技术作为生态现代化的首要任务。在环境政策方面，要充分利用经济手段推进环境革新，如生态税费、环境审计、绿色消费、环境保险、生态标签等。在这个意义上，"生态现代化的基本前提是社会实践以及现代社会的制度化发展中生态利益、思想和思考的向心运动"②。在一般意义上，创新是一种技术和社会层面上的"系统变革过程"，生态创新是"一个基于价值的概念"，是"能够改善环境绩效的创新"③。由于西方 EM 理论和模式是在资本主义制度框架结构中探求生态创新的理论和模式，主要着眼于用生态理性规范经济理性，因此，这种创新不具有彻

---

① Joseph Huber. Pioneer countries and the global diffusion of environmental innovations: theses from the viewpoint of ecological modernisation theory. Global environmental change，2008（18）.

② Arthur P. J. Mol. Environment and modernity in transitional china: frontiers of ecological modernization. Development and change，2006（1）.

③ 卡里略-赫莫斯拉，冈萨雷斯，康诺拉. 生态创新：社会可持续发展和企业竞争力提高的双赢. 闻朝君，译. 上海：上海科学技术出版社，2014：10.

底性。

在新时代的中国，按照新发展理念，我们要在创新发展、协调发展、绿色发展、开放发展、共享发展的系统互动中，推动生态创新，构筑起实现人与自然和谐共生现代化的创新动力系统。一方面，我们必须大力推动绿色科技创新。近代以来，以牛顿机械力学革命为基础，形成了"机械论科学技术"。用遵循这种范式的科技对待自然，必然割裂人与自然的有机联系，引发生态环境问题。现在，新科技革命呈现出生态化的趋势和特征，"带动了以绿色、智能、泛在为特征的群体性重大技术变革"[①]，促进了人与自然的和解。因此，我们必须抓住这一时代潮流，按照生态化原则推动科技创新，大力建构和发展"生态化科学技术"（永续性科技，绿色科技）。绿色科技是以人与自然和谐共生（生态化）为学科思维、结构、体系、功能的科技创新体系和科技范式。在这种科技体系和范式的支撑和导引下，我们才能促进产业生态化和生态产业化的统一，建立和完善生态经济体系，最终实现人与自然和谐共生的现代化。例如，面对生态破坏，只有科学运用恢复生态学的原理和方法，才能在恢复绿水青山的基础上实现绿水青山就是金山银山。因此，我们必须推动恢复生态学的创新发展。

另一方面，我们不仅要改革生态文明科技体制和生态文明管理体制，而且要建立和完善"生态文明科技国家支撑体系"（绿色科技国家支撑体系）。这就是要集成可持续发展战略、科教兴国战略、人才强国战略、创

---

① 习近平．为建设世界科技强国而奋斗：在全国科技创新大会、两院院士大会、中国科协第九次全国代表大会上的讲话．人民日报，2016－06－01（2）．

新驱动发展战略，集成建设美丽中国、建设健康中国、建设科技强国、建设教育强国，形成推动和保障绿色科技发展的国家治理体系和治理能力。例如，国家应该将发展绿色科技作为绿色投入的重点，通过调整和完善公共财政投入的方式确保绿色科技投入。此外，我们必须把整个生态环境治理建立在先进的绿色科技的基础上，用先进的绿色科技推动生态文明领域的国家治理体系和治理能力的现代化，避免单纯的经验决策和个人决策的弊端。西方 EM 理论提出，"'高超的'管治机制被描述为'知识嵌入型手段，这种手段是新秩序的突出特点之一'"①。实现国家治理现代化首先要实现科技化。与西方采用 EM 模式的国家相比，我们形成了明显的社会制度优势，但整体的科技优势有待于进一步提高。因此，我们要发挥社会制度优势促进国家治理现代化，进而促进绿色科技的发展，"支持绿色技术创新"②，实现跨越式发展。

总之，在坚持社会主义制度自我完善的基础上，我们必须根据中国的国情，协调推进绿色科技创新和绿色制度创新，将发展绿色科技和绿色科技国家支撑体系一起来，努力走出一条生态创新之路，这样，才能科学地、有效地实现人与自然和谐共生的现代化。

---

① 耶内克. 生态现代化：全球环境革新竞争中的战略选择. 李慧明，李昕蕾，译. 鄱阳湖学刊，2010（2）.

② 中共中央关于制定国民经济和社会发展第十四个五年规划和二〇三五年远景目标的建议. 人民日报，2020-11-04（1）.

第三节

建设人与自然和谐共生现代化的运行体制抉择

在"四个全面"战略布局中，全面深化改革是全面建设社会主义现代化国家这一战略任务的运行体制的选择和保障，因此，我们需要在全面深化改革中来建设人与自然和谐共生的现代化。从经济上来看，现代化既是从农业社会向工业社会的转变过程（工业化），也是从自然经济向商品经济的转变过程（市场化）。市场化是实现工业化的适宜的体制机制。但是，市场经济（商品经济的高级阶段）存在严重的失效（失灵）问题。像环境污染这样的外部不经济性问题，就是市场失灵的典型表现。这样，就需要我们在社会主义市场经济的框架中，实现生态化和市场化、市场经济和举国体制的结合，以推进人与自然和谐共生现代化的建设。

西方 EM 理论要求将市场动态和国家管制统一起来以推进环境革新。一方面，要将市场动态作为实现生态现代化的重要机制。市场经济确实存在失灵的问题。"生产的外部效应问题是个老问题，但既未得到解决，便仍有现实意义。科学技术的发展一向以负面的外部效应相伴随，现在仍然如此。这就是说，把部分代价转嫁给社会、给未来的世代、给自然界。就环境问题而言，所有这些代价（费用）的组成成分仍然是有实际意义的。"① 但是，通过运用价格、税收等市场经济的手段治理污染，可以有效实现外部问题的内部化，有助于加强环境治理。因此，必须建立和完善"绿色市场"。另一方面，要充分恢复民族国家的作用。市场经济的失灵要求重新审视政府和计划、政府和市场的关系。"由于市场可能失灵，它们特别需要政治上的（至少是某种社会组织的）支持。这就是为什么说生态现代化本质而言是一个政治概念"② 。尤其是，在推进环境革新的过程中，由于革新政策经常与污染者的既得利益发生冲突，严重影响环境治理及其成效，因此，亟须重新强化政府管治并找到改善政策执行效果的更多方法和路径。这样，就突出了建设"环境国家"的重要性。只有将"绿色市场"和"环境国家"统一起来，才能有效实现环境治理，推进生态现代化。

经过科学探索，我国形成了把社会主义制度和市场经济有机结合以不断解放和发展社会生产力的显著制度优势。这一优势在生态文明建设领域依然有效。在建设人与自然和谐共生现代化的过程中，一方面，我们要大力构建和完善"绿色市场体系"。在运用计划（规划）等手段进行生态环境治理的同时，"随着中国谨慎地转向市场导向的增长模式，从 1978 年以后，人们就期望找到一些经济和市场动态以开始推动环境革新，当代中国的环境利益在价格、市场和竞争的经济领域正在慢慢地制度化"③ 。经过 40多年的探索，现在，我国已经建立起了生态文明领域的经济政策体系，并

---

① 西莫尼斯 . 工业社会的生态现代化：三个战略要素 . 仕琦，译 . 国际社会科学杂志（中文版），1990 (3).

② 耶内克 . 生态现代化：全球环境革新竞争中的战略选择 . 李慧明，李昕蕾，译 . 鄱阳湖学刊，2010 (2).

③ Arthur P. J. Mol. Environment and modernity in transitional China: frontiers of ecological modernization. Development and change, 2006 (1).

在生态环境治理中发挥了有效作用。同时，为了有效防止市场失灵，我们在坚持用市场化推动生态化的同时，还要坚持用生态化规约市场化，形成"绿色市场体系"。这就是在遵循生态文明的理念、原则、目标的前提下，既要科学防范市场经济的失灵，又要充分发挥经济手段在实现外部问题内部化过程中的作用，形成社会主义市场经济和社会主义生态文明相协调的机制。例如，在地权和林权的改革中，我们必须在坚持公有制的基础上，推进所有权、承包权、经营权三权分置，既要防范"公地悲剧"，也要反对"私地闹剧"。

另一方面，我们在建构和完善绿色科技攻关新型举国体制的同时，还要建构和完善生态文明领域的新型举国体制，即"绿色新型举国体制"。在面对像新冠肺炎疫情这样的基础性、战略性、公共性、突发性、风险性重大问题和事件时，必须"完善关键核心技术攻关的新型举国体制"[①]，"健全社会主义市场经济条件下新型举国体制"[②]。新型举国体制是有效市场和有为政府的有机结合，是社会主义制度优越性在社会主义市场经济条件下的展现方式和发挥作用的途径，集中体现为集中力量办大事。新冠肺炎疫情阻击战取得的战略性成果，充分证明了新型举国体制的科学性和有效性。现在，巩固生态扶贫和生态脱贫成果，执行中央环保督察制度，建立和完善绿色科技国家支撑体系，以及执行和完善跨地域、全流域的生态补偿机制等生态文明制度创新，都亟须发挥新型举国体制的作用。

总之，在全面深化改革中，我们既要充分发挥社会主义制度的优越性，又要充分发挥市场在资源配置中的决定性作用，将建立和完善"绿色

---

① 中共中央党史和文献研究院．习近平关于统筹疫情防控和经济社会发展重要论述选编．北京：中央文献出版社，2020：102.

② 中共中央关于制定国民经济和社会发展第十四个五年规划和二〇三五年远景目标的建议．人民日报，2020－11－04（1）.

市场体系"和"绿色新型举国体制"统一起来，这样，才能为建设人与自然和谐共生的现代化提供适宜而有效的体制运行环境。

建设人与自然和谐共生现代化的规范体系抉择

在"四个全面"中，全面依法治国为全面建设社会主义现代化国家提供法律保障，发挥引导和规范的作用。我们应该在全面依法治国中建设人与自然和谐共生的现代化。现代化的过程在政治领域中表现为民主化和法治化。基于契约的市场经济本质上就是法治经济。在现代治理中，更为强调民主的制度化和法治化。没有社会主义民主和社会主义法治，就没有社会主义和社会主义现代化。由于法律和道德具有互补的关系，因此，在加强依法治理的同时，还必须加强以德治理。我们应该将依法进行生态治理和以德进行生态治理统一起来，以此来推动实现人与自然和谐共生的现代化。

西方 EM 理论肯定法律和道德都是环境革新的重要手段。依法治理是生态治理的重要原则和方式。因此，EM 理论将"法律的规范准则"① 作

① Joseph Huber. Ecological modernization：beyond scarcity and bureaucracy//A. P. J. Mol，D. A. Sonnenfeld，G. Spaargaren. The ecological modernisation reader：environmental reform in theory and practice. London and New York：Routledge，2009：46.

为实现生态现代化的重要基础。在考察中国的环境革新时，EM 理论家们发现法治发挥着重要的导向和规范作用。"法治的出现可以被确定为环境政治现代化的一种标志，与市场经济紧密联系在一起。从 20 世纪 80 年代起，环境法规体系的建立已导致环境质量和排放量的更高的标准，以及各种执行规划的法律框架的建立"[①]。确实如此。中共十八届四中全会已经提出加快建立"生态文明法律制度"的目标和任务。但是，如果不能将法律的硬约束有效地转化为道德的软约束，软硬兼施，就不可能完全地、彻底地取得治理的成效。因此，必须将法治和德治结合起来。西方 EM 理论提出，在设计环境退化可测量概念的过程中，"尽管一些支持者可能在个人方面从道德前提出发，但生态现代化基本上遵循了一个功利主义的逻辑：生态现代化的核心是污染防治自付思想"[②]，即谁污染、谁付费、谁治理。EM 实质上是一种经济方案。但随着生态现代化议程的推进，"生态现代化已经产生了一种新的伦理，比以前更加认定对自然的简单开发（不考虑生态后果）被视为是不合理的"[③]。尽管这仍然是一种人类中心主义的伦理，但毕竟将德治的维度引入生态现代化议程中。当然，西方 EM 理论没有集中讨论法治和德治在生态现代化进程中的结合问题。

在建设中国特色社会主义的过程中，我们党强调，必须坚持依法治国和以德治国相结合。在新时代，我们应该将社会主义法治、社会主义生态

---

① Arthur P. J. Mol. Environment and modernity in transitional China：frontiers of ecological modernization. Development and change，2006（1）.

② Maarten A. Hajer. The politics of environmental discourse：ecological modernization and the policy process. New York：Oxford University Press，1995：25 - 26.

③ Maarten A. Hajer. Ecological modernisation as cultural politics//A. P. J. Mol，D. A. Sonnenfeld，G. Spaargaren. The ecological modernisation reader：environmental reform in theory and practice. London and New York：Routledge，2009：83.

文明观、社会主义核心价值体系和核心价值观统一起来，将生态化法治（绿色法治）和生态化德治（绿色德治）统一起来，推动建设人与自然和谐共生的现代化。一方面，我们必须加强绿色法治。从满足人民群众的生态环境需要尤其是优美生态环境需要出发，从维护和保障人民群众的环境健康和生态健康出发，我们必须完善社会主义生态文明法律制度。在实现生态文明、绿色发展写入宪法的前提下，我们要推动和实现"维护和保障人民群众的生态环境权益"写入宪法，制定和出台"环境健康法和生态健康法"，用法治保护人民群众的生态伦理诉求。在人与自然关系领域实现责权利的统一，有助于科学防范环境群体性事件和公共安全风险事件的发生，有助于社会主义人权事业的发展。此外，我们要完善《野生动物保护法》，抓紧制定"生态安全法"，要像编纂《民法典》那样来编纂"生态文明法典"（绿色法典），严格执行《生物安全法》。这样，才能为生态治理提供强有力的法治支撑和导引。同时，要将生态化原则和要求贯穿于执法、司法、守法各个方面。

另一方面，我们必须加强绿色德治。在牢固树立社会主义生态文明观、将社会主义生态文明纳入社会主流价值观的基础上，我们要有效将绿色法治理念及其规范转化为人民群众的价值观念和行为方式，这样，才能从源头上约束和规范人与自然交往的行为，激发人民群众建设生态文明的能动性、积极性、创造性。同时，坚持尊重自然、顺应自然、保护自然的生态文明理念，将敬畏自然和敬畏生命作为社会主义生态道德的基本规范。"自然是生命之母，人与自然是生命共同体，人类必须敬畏自然、尊重自然、顺应自然、保护自然。"① 其他自然存在物同样是这个生命共同体的内在的组成部分，是这个大家庭中的重要成员，因此，我们既应该敬畏人类的生命，也应该敬畏万物的生命。敬畏自然和敬畏生命就是要平衡人与自然的关系，在承认和尊重自然和生命的系统价值的基础上，善待自然和生命，爱护自然和生命。唯有如此，才能科学规范和约束人与自然交往的行为。

总之，在全面依法治国的过程中，必须坚持绿色法治和绿色德治双管齐下，必须坚持软硬兼施，这样，才能规范人与自然和谐共生现代化的建设。

┃ 第五节 ┃
建设人与自然和谐共生现代化的治理主体抉择

在"四个全面"中，全面从严治党的目的是为建设社会主义现代化国家提供正确的领导力量。建设社会主义政治文明，最为根本的就是要把党的领导、人民当家作主、依法治国三者统一起来。因此，我们需要在党的领导下，在社会主义法治的框架中，依靠人民群众的智慧和力量，建设人

---

① 习近平．在纪念马克思诞辰200周年大会上的讲话．人民日报，2018－05－05（2）.

与自然和谐共生的现代化。

在西方社会，由资本逻辑主宰一切导致的生态危机严重地影响到无产阶级和劳动人民的正常生活，因此，西方民众自发地发起环境运动，迫使西方国家加强环境管制，推动了生态治理。在此基础上，西方 EM 理论进一步提出了环境革新的议程，试图影响国家的环境政策。例如，在欧洲一些左翼政党尤其是绿党的政治规划当中，都有 EM 理论的印记。但是，作为一种"第三条道路"，绿党不可能代表无产阶级和劳动人民的利益，其绿色话语和政治行为之间存在内在矛盾。例如，作为联合执政成员的德国绿党支持北约出兵科索沃的行为，就严重背叛了其"非暴力"的执政理念。同时，西方社会通过采用"新社会运动"的理论，力图降低和消除环境运动的阶级性；通过采用"合作"的方式，力图"招安"环境运动以降低和解除其战斗性。这样，"关于生态现代化的新的一致意见是将其归因于环境运动的一种成熟的进程：经过一个激进的阶段，环境运动离开街头并且被予以制度化，正像以前的许多社会运动一样。随着采用生态现代化的话语，其领导者现在话语得体并被整合进'咨询委员会'，在那里他们发挥一种'非常重要'的作用，表明我们如何得以设计新的制度形式来克服环境问题"①。因此，西方 EM 理论和议程，都只能是一种绿色资本主义的方案。

在创造性地提出生态文明科学理念的过程中，中国共产党旗帜鲜明地将"中国共产党领导人民建设社会主义生态文明"写入《中国共产党章

---

① Maarten A. Hajer. Ecological modernisation as cultural politics//A. P. J. Mol，D. A. Sonnenfeld，G. Spaargaren. The ecological modernisation reader：environmental reform in theory and practice. London and New York：Routledge，2009：84 - 85.

程》当中。2020 年 3 月，中共中央办公厅、国务院办公厅印发的《关于构建现代环境治理体系的指导意见》提出，要构建党委领导、政府主导、企业主体、社会组织和公众共同参与的现代环境治理体系。因此，我们不能简单地套用西方的"多元"治理理论来看待我国的生态文明治理体系。一方面，在加强全面从严治党的同时，我们必须加强党的全面领导。中国共产党是一个勇于自我推动生态创新的马克思主义政党。我们必须在党的领导下，建设人与自然和谐共生的现代化。在健全环境治理领导责任体系的基础上，我们要进一步健全生态文明领导责任体系。在加强党的全面领导的同时，关键是要坚持绿水青山就是金山银山的科学理念，坚持用习近平生态文明思想武装全党、教育人民、指导工作。只有在习近平生态文明思想的指导下，我们才能完成彻底的生态治理。

另一方面，我们必须改进党的领导。关键是，在保持党与人民群众血肉联系优良传统的同时，我们要按照党的群众路线发动和组织人民群众参与生态治理。早在 1973 年，我国就确定了"全面规划、合理布局、综合利用、化害为利、依靠群众、大家动手、保护环境、造福人民"的环境保护工作方针。这里，"造福人民"是我国环保工作的价值目标，"依靠群众"是我国环保工作的工作路线。凡是坚持这一工作路线，我国的环境保护和生态文明建设就能正常向前推进；反之，就会引发环境群体性事件甚至是社会稳定事件。在执行中央环保督察制度中，必须坚持群众路线的工作方法，这样，不仅可以有效实现生态治理，而且能够激发人民群众参与生态治理的能动性、积极性和创造性。当然，人民群众必须在党的领导下、在社会主义法治的框架中发挥这种历史主体作用，不能影响社会稳定和国家安全。

　　总之，在坚持党的领导的同时，按照全面从严治党的要求来提高党领导生态治理的能力和水平，坚持按照党的群众路线来推进生态治理，我们就可以为建设人与自然和谐共生的现代化提供科学、适宜、有效的领导动员机制。

　　综上，建设人与自然和谐共生的现代化是一项复杂的创新系统工程，我们应该在新发展理念的互动中坚持用创新发展推动绿色发展，为建设人与自然和谐共生的现代化提供创新动力系统；我们应该在"四个全面"战略布局中，通过全面深化改革、全面依法治国、全面从严治党，为建设人与自然和谐共生的现代化提供体制运行环境、引导规范体系、领导动员机制。这个过程就是建设社会主义生态文明的创新发展过程，就是建设社会主义现代化国家的生态创新过程。自然，这是建设人与自然和谐共生现代化的创新之路。

第十章

建设人与自然和谐共生现代化的社会目标

一直以来，国际社会坚持将人作为可持续发展的中心。2015 年联合国大会通过的《变革我们的世界：2030 年可持续发展议程》重申了"以人为中心"的价值取向。按照唯物史观关于人民群众是历史创造者的思想和马克思主义政治立场，我们党创造性地提出了以人民为中心的发展思想。这是对以人为中心的可持续发展战略的超越和升华。党的二十大鲜明地将坚持人民至上作为习近平新时代中国特色社会主义思想的重要的世界观和方法论。目前，按照以人民为中心的发展思想，我们应该把人本发展（以人为中心的发展）和绿色发展统一起来，推动建设人与自然和谐共生的现代化，以造福人民群众。

｜ 第一节 ｜
促进人力资源的长期绿色均衡发展

一定数量的人口构成人力资源。对人力资源进行投资，可形成人力资本。在影响可持续发展的自然变量中，人口因素是关键。在实施可持续发展战略中，"我们还会在我们的国家、农村和城市发展战略与政策中考虑到人口趋势和人口预测"[①]。同样，只有充分考虑到人力资源因素，才能建

---

① 联合国. 变革我们的世界：2030 年可持续发展议程. （2019－07－22）［2021－12－24］. http://www.acca21.org.cn/trs/0001003100010004/15078.html.

设好人与自然和谐共生的现代化。

人口问题从来不是单纯的数量增减问题，而是一个综合性问题。一方面，它是否造成问题取决于社会制度的性质和社会经济的发展水平。我国已经建立起了社会主义制度，为科学解决人口问题提供了制度保障。从发展水平来看，尽管我国经济总量已经达到世界第二位，但 2021 年我国人均 GDP 在世界排名只达到第 60 位。如果再考虑到人力资源投入（教育、卫生、养老等）的可及性、可负担性、可比较性，那么，完全取消计划生育政策势必会加剧我国社会经济发展压力。另一方面，它是否造成问题取决于人口资源环境的动态关系。我国总人口已经超过 14 亿，陆地面积约960 万平方公里。美国总人口约 3.33 亿，面积是 937 万平方公里。显然，我国人口密度远远高于发达国家。如果再考虑到客观存在的胡焕庸线和我国人均资源能源的占有水平，完全取消计划生育政策势必会造成严重的生态环境压力。从这次疫情暴露出的问题来看，人口聚集和人为活动频繁是增加疫情防控难度的重要因素。因此，只有在对人口增长带来的社会经济、生态环境、公共卫生等方面的风险进行全面系统综合评估的基础上，才能考虑放开现有的计划生育政策。

目前，按照生态化原则，我们必须坚持人力资源的长期绿色均衡发展。第一，完善人口政策。为了维持人口的代替水平，我们应该坚持一对夫妻可以生育三个子女的政策。同时，应该通过城市组团发展的方式来降低大城市的人口密度。在此基础上，更为重要的是，应该通过教育、卫生、体育等事业的发展，提升我国的人力资本实力。第二，完善就业政策。我们必须看到劳动力供给不足和劳动力就业不足在我国同时并存的现实，而不能抓住一点不及其余。为了解决劳动力供给的问题，关键是要完善社会主义所有制的结构，在全社会进一步确立工人和农民的社会主体地位，在全社会树立劳动光荣和创造光荣的良好风尚，引导年轻人尤其是大学生到工农业第一线就业，到实体经济行业当中就业。第三，完善养老政策。国家必须加强人口政策和福利政策的连续性和对接性，取信于民，让改革发展的红利造福老龄人口，加强对城乡独生子女家庭、农村双女户家庭尤其是失独家庭老弱人口的社会帮扶和社会救济，而不能将责任一味推给个人和家庭。这样，我们就可以促进人口的可持续增长和可持续管理。

总之，我们不能将人口问题简单地看作放开生育的问题，而应该将其上升到优化人力资源、提升人力资本实力、建设人才强国的战略高度。只有实现人力资源的长期绿色均衡发展，才能建设好人与自然和谐共生的现代化。

| 第二节 |

保障脱贫人口的长期的可持续生计

坚持将人作为可持续发展的中心，关键是要将贫困人口（穷人）作为中心，努力消除贫困。1992 年联合国环境与发展大会提出，"加紧为一切人提供可持续生计的机会"[①]。2015 年联合国大会通过的《变革我们的世

[①]　21 世纪议程. 国家环境保护局，译. 北京：中国环境科学出版社，1993：12.

界：2030 年可持续发展议程》，将"在全世界消除一切形式的贫困"确立
为实现全球可持续发展的首要目标。我国明确将以下任务作为实现上述目
标的举措：到 2020 年，确保现行标准下的农村贫困人口全部实现脱贫，
贫困县全部摘帽，解决区域性整体贫困。现在，我国已经如期完成了这一
历史任务。其所以如此，一个重要的原因是我国创造性地开展了生态脱贫
和生态扶贫工作。生态脱贫和生态扶贫，可以将生态、脱贫、扶贫、发展
有机地、有效地统一起来。目前，我们要进一步巩固生态脱贫和生态扶贫
成果，这样才能切实保障脱贫人口的可持续生计，扎实推动共同富裕和共
享发展。

面对新冠肺炎疫情，一些论者坚持认为，问题出在人类一直顽固地坚
持的人类中心主义立场上，因此，亟须弘扬生态中心主义。尽管疫情体现
出了人与自然的尖锐矛盾，但疫情及其防控是一个社会建构的过程。穷人
往往是各种问题的首当其冲的受害者。在国际上，"由于资产阶级社会各
方面条件的不平等，传染病对工人阶级、穷人以及外围人口的影响最大，
因此，正如恩格斯和英国宪章派在 19 世纪所指出的那样，以追求财富积
累而造成此类疾病产生的制度，应被指控为犯有社会谋杀罪"①。因此，亟
须发展"穷人生态学"，维护穷人的生态环境权益。在我国，由于疫情影
响到了社会经济发展的秩序，加大了因疫致贫返贫的风险，可能会动摇脱
贫攻坚成果，影响共同富裕和共享发展。因此，我们必须坚持以人民为中
心的思想，进一步通过绿色发展巩固脱贫攻坚成果，维持和保障脱贫人口
的可持续生计。

---

① John Bellamy Foster, Intan Suwandi. COVID-19 and catastrophe capitalism. Monthly review, 2020 (2).

在脱贫地区，应该利用本地的生态环境优势进一步巩固生态脱贫和生态扶贫成果。第一，加强脱贫地区的自然资本实力。按照山水林田湖草沙冰一体化保护和系统治理的科学理念，根据脱贫地区的自然禀赋，应该采用系统工程的方法，继续努力做好脱贫地区的生态保护、生态恢复、生态重建、生态增值的工作，有效提升防灾减灾救灾能力，有效提升疫情防控能力，有效提升脱贫地区的生态产品和生态服务的生产和供给能力，让穷山恶水变为绿水青山。第二，大力发展脱贫地区的特色产业。按照绿水青山就是金山银山的科学理念，在推动传统产业高端化、智能化、绿色化的同时，按照绿色低碳循环的要求，采用"互联网＋绿色化＋产业化"的方式，脱贫地区应该继续大力发展生态农业、体验农业、林下经济、清洁能源、生态旅游、森林康养、绿色教育等特色产业，让自然资本实力转化为经济发展实力，让绿水青山变为金山银山。

对于国家和社会来说，应该进一步巩固生态脱贫和生态扶贫成果，统筹推进绿色发展和共享发展、巩固脱贫攻坚成果和实现乡村振兴。第一，加强绿色设施建设。国家应该将投入的重点进一步放到农村尤其是脱贫地区，鼓励和促进知识、财富、信息、福利流向脱贫地区，鼓励和促进公路、铁路、网络延伸到脱贫地区。在此基础上，应该加快补齐脱贫地区的基础设施投入短板，统筹推进脱贫地区的公共基础设施建设和环境基础设施建设。第二，加强生态环境补偿。中央应该进一步将财政转移支付的重点放到脱贫地区，加大纵向生态补偿的力度，提升资金使用的公平性、透明性和有效性，让群众监督资金的使用。同时，要进一步完善多元化生态补偿机制，鼓励和支持地区之间的横向生态补偿，鼓励和支持流域范围当中的横向生态补偿，鼓励和支持通过教育、文化、卫生、科技等方面支援的方式进行补偿，这样，才能推动生态共享和生态正义。

总之，通过进一步巩固生态脱贫和生态扶贫的成果，可以进一步加快生态农业的发展，进一步推进乡村的生态振兴，从而为维护和提高脱贫人口的可持续生计提供保障，推动人与自然和谐共生现代化的建设。

第三节

保障人民群众的生态环境健康权益

自然和健康、环境和健康、生态和健康存在内在的复杂的关联。这是人与自然关系的重要构成方面。"绿水青山不仅是金山银山，也是人民群众健康的重要保障。"① 因此，我们必须将切实维护和保证人民群众的生态环境健康作为建设人与自然和谐共生现代化的重要议题和重要抓手。

围绕着自然（环境，生态）和健康的关系，国际科学界提出了"一体化健康"或"大健康"理念，要求关注人类、动物和生态系统三者相互关系对健康的影响。这一模型将流行病学分析建立在生态学的科学基础上，将生态科学、人体医学、动物医学、公共卫生等方面的专家聚集在一起，采用全球尺度的分析方法，对于疫情防控具有重要价值。但由于这一理念

---

① 中共中央文献研究室．习近平关于社会主义生态文明建设论述摘编．北京：中央文献出版社，2017：90.

忽视了全球资本循环对一体化健康的支配和影响，因此，在恩格斯的《英国工人阶级状况》和《自然辩证法》等相关文本和思想的基础上，一些西方左翼人士提出了"结构化的一体化健康"（structural one health）的理念。这就是要"确定当代全球经济中的流行病如何与正在迅速改变环境条件的资本循环相连"，"研究全球资本循环和包括深厚的文化历史传统在内的其他基本背景，对区域农业经济和跨物种相关疾病动态的影响"①。在走向社会主义生态文明新时代的过程中，我们党已经前瞻性地提出了绿水青山是人民群众健康的重要保障的科学理念。在社会主义语境中，我们应该承认"环境健康"和"生态健康"的理念，切实维护人民群众的生态环境健康。

我们要坚持以人民健康为中心，围绕着保障人民群众的生态环境健康，将卫生现代化、生态环境领域的现代化、人的现代化统一起来。第一，通过生态环境领域的现代化确保生态环境健康。由于人类生活在自然界当中，因此，自然生态系统是否可持续运行直接关系着人类的生命安全和身心健康。我们不能低估病毒和细菌通过污染环境介质传播的可能性，更要确保清洁的环境对于保证健康的价值；我们不能低估病毒和细菌通过扰乱生态系统传播的可能性，更要确保安全的生态系统对于保证健康的价值。因此，我们要科学预警生态环境风险，通过维护生态环境安全来确保人民群众的生态环境健康。第二，通过科技现代化确保生态环境健康。我们要强化公共卫生科技支撑，既要通过实现生态环境领域的科技现代化，大力发展维护环境安全和环境健康、维护生态环境和生态健康的科学技

---

① John Bellamy Foster，Intan Suwandi. COVID-19 and catastrophe capitalism. Monthly review，2020（2）.

术，又要通过实现医疗卫生领域的科技现代化，大力发展环境医学和生态医学。在发展环境医学和生态医学的过程中，我们要坚持中西医结合、中西医并用，推动中医药现代化。我们"要加强研究论证，总结中医药防治疫病的理论和诊疗规律，组织科技攻关，既用好现代评价手段，也要充分尊重几千年的经验，说明白、讲清楚中医药的疗效"①。更为重要的是，我们要坚持将最新科技成果运用到维护人民群众的生态环境健康当中。第三，通过治理现代化确保生态环境健康。由于人民群众生命安全和身心健康不能用货币价值衡量，所有人的生命是等价和等值的，因此，我们不能完全按照市场化方式推进医疗卫生体制改革。新冠肺炎疫情防控之所以能够取得重大战略成果，一个重要的原因是我们发挥了新型举国体制的作用。因此，我们必须充分发挥社会主义制度的优越性，坚持基本医疗卫生事业的公益性，推动公立医院高质量发展；我们必须坚决守住药品安全的底线，提升国家药品监管应急处置能力。这样，才能为维护人民群众的生态环境健康提供适宜的、有力的体制保障。

总之，保障人民群众的生态环境健康，可以促进卫生现代化、生态环境领域的现代化、人的现代化的统一，可以促进人与自然和谐共生现代化的建设。当然，我们要将维护人民群众的生态环境健康作为建设人与自然和谐共生现代化的重要价值取向。

---

① 中共中央党史和文献研究院. 习近平关于统筹疫情防控和经济社会发展重要论述选编. 北京：中央文献出版社，2020：176.

满足人民群众的优美生态环境需要

　　现在，我国社会主要矛盾已经转化为人民日益增长的美好生活需要和不平衡不充分的发展之间的矛盾，人民群众的生态环境需要尤其是优美生态环境需要已经成为美好生活需要的重要方面。因此，"我们要积极回应人民群众所想、所盼、所急，大力推进生态文明建设，提供更多优质生态产品，不断满足人民日益增长的优美生态环境需要"①。我们既要把满足人民群众的优美生态环境需要作为建设人与自然和谐共生的现代化的重要目标，又要将建设人与自然和谐共生的现代化作为满足人民群众优美生态环境需要的重要途径。

　　长期以来，人们或者不承认生态环境需要的存在，或者只是将其看作附着于物质需要和文化需要的需要，或者将之简单地等同于环境需要。其实，生态环境需要是人的一种具有独立性、专门性、系统性的需要，是人的需要系统的重要组成部分。生态环境需要是人类从自然界寻求永续生存、安全庇护、长久发展的需要，是人类对自然生态环境的一切需要的总

---

① 习近平. 推动我国生态文明建设迈上新台阶. 求是，2019（3）.

和，即人们获取资源和能源的需要、废弃物和排泄物返回环境的需要、生态安全的需要、防灾减灾救灾的需要等的总和。优美生态环境需要是生态环境需要的进一步提升，是在量的提升基础上的质的提升，在现阶段集中表现为对清新空气、清澈水质、清洁环境等生态产品的需求。

满足生态环境需要尤其是优美生态环境需要依赖社会的全面发展和全面进步，依赖物质生产提供的物质产品、精神生产提供的精神产品，当然，更为依赖生态产品。生态产品是用来满足人的生态环境需要尤其是优美生态环境需要的产品。第一，生产活动的类型。人类所获得的一切产品最初都来自自然界，自然界提供产品的过程构成了自然生产。由于自然界原本提供的生态产品相对于人的需要来说具有稀缺性，因此，人类保护、修复、修建、新建自然生态系统的行为是生产生态产品的主要途径。我们可以将人类保护、修复、修建、新建自然生态系统的行为称为生态生产。生态生产就是实现、保护、提升、增值自然资本的过程。当生态生产活动进入到人类的生产、分配、交换、消费等物质生产过程以后，就形成了生态产业。人类生产物质产品的过程构成了物质生产，人类生产精神产品的过程构成了精神生产。第二，生态产品的类型。从其生产的途径来看，主要包括以下几种类型：一是自然生产提供的生态产品，即在自然生态系统的存在和演化过程中产生的生态产品。这类产品具有稀缺性。二是生态生产和生态产业提供的生态产品。主要包括：人类在保护自然生态系统中产生的生态产品，在恢复自然生态系统功能中产生的生态产品，在修建甚至是重建自然生态系统中产生的生态产品，新建的人工自然生态系统中产生的生态产品。这类产品具有再生性。三是物质生产和精神生产提供的生态产品，物质产品和精神产品同样具有满足人的生态环境需要的属性和功能。这类产品具有替代性。第三，满足优美生态环境需要的系统路径。满足人民群众的优美生态环境需要，固然要依赖自然生产提供的生态产品，也不能离开物质生产和精神生产提供的生态产品，但更多地或主要地依赖生态生产和生态产业提供的生态产品。因此，只有通过社会的全面发展和全面进步，才能满足人民群众的优美生态环境需要。在这个意义上，不能将建设人与自然和谐共生的现代化仅仅归结为生态现代化，即生态生产和生态产业的部分，而应该将其视为在自然生产、生态生产和生态产业、物质生产和精神生产基础上的全面进步过程，是所有生产的生态集成。

目前，我国正在进行的建立健全生态产品价值实现机制的工作，主要针对的是生态生产和生态产业提供的生态产品。在这一层面上，我们可以探索市场化运作的方式。但是，在自然生产提供的生态产品的层面上，我们要维护其公共产品的属性，不能市场化。这在于，它是自然界馈赠给所有人的产品，任何人都不能独自占有。在物质生产和精神生产提供的生态产品的层面上，我们要区分公共产品和私人产品，根据具体情况采取不同的对策。在总体上，生态产品具有公共产品的属性和特征，因此，我们必须将提供生态产品作为服务型政府的重要职能。人民政府必须将提供生态服务作为公共服务的重要内容和重要任务。生态服务或生态系统服务原本指"整个自然生态系统带给人类的好处"①，我们将其界定为政府为人民群众提供生态产品方面的服务的总和。人民政府应该通过发挥自身的公共服务功能来促进生态产品的生产，来促进生态产品的公平分配。这样，才能确保更好地满足人民群众的优美生态环境需要。这是建设人与自然和谐共

---

① Michael Begon，Colin R. Townsend，John L. Harper. 生态学：从个体到生态系统. 李博，张大勇，王德华，主译. 北京：高等教育出版社，2016：621.

生现代化的重要任务。

　　总之，我们要通过现代化建设来生产更多优质生态产品和提供更多优质生态服务，以满足人民群众的优美生态环境需要。这是建设人与自然和谐共生现代化的内生动力和价值目标。最终，通过建设人与自然和谐共生的现代化，我们要实现人的全面发展。

结　语

　　建设人与自然和谐共生的现代化，目标就是要创造高度发达的生态文明，将我国建设成为富强民主文明和谐美丽的社会主义现代化强国。生态文明既是人类文明新形态的组成部分，又是人类文明新形态的必要条件。面向第二个百年奋斗目标，只有认真贯彻和落实党的二十大精神，只有坚持以习近平生态文明思想为指引，坚持社会主义生态文明方向，才能建设好人与自然和谐共生的现代化。

一、建设人与自然和谐共生现代化的价值支点

　　人类文明新形态是促进和实现人的全面发展的文明。人的生存和发展一刻也离不开自然界。从历史发生来看，人类是在自然演化的基础上通过劳动诞生的社会性存在物。从现实存在来看，自然界是人类物质生活和精神生活的资料来源。从未来走向来看，由于人类是关系性存在物，只有实现人与自然、人与社会、人与自身的和谐发展，人类才能实现全面发展。因此，实现人与自然的和谐发展是实现人的全面发展的题中之义。

　　大多数人的需要和利益始终是最为要紧的事情。我们党始终代表中国最广大人民的根本利益。绿水青山是人民群众幸福生活的重要内容和人民群众生命健康的重要保障，优美生态环境需要是人民群众的重要需要。因此，我们既要促进物质生产和精神生产的绿色发展，推动社会经济的全面绿色转型，增强物质产品和精神产品的绿色含量和生态品质；又要保证自然生产力和生态生产力的永续发展，切实改善生态环境质量，力求提供更多优质生态产品。我们要坚持生态惠民、生态利民、生态为民，进一步巩固生态扶贫和生态脱贫成果，协同推进流域、区域、地域、海域、陆海生态文明建设，完善纵横交错的生态补偿机制，努力实现社会公平正义和生

态公平正义的统一。最后，必须使生态文明成为人民群众共有、共建、共治、共享的伟大事业。

我们必须将满足人民群众的优美生态环境需要作为建设人与自然和谐共生现代化的价值支点。这是人类文明新形态的重要价值追求，是绿色资本主义和社会主义生态文明、西方生态现代化和中国人与自然和谐共生现代化的根本价值分野。

二、建设人与自然和谐共生现代化的系统方法

生态兴则文明兴，生态衰则文明衰。良好的自然条件孕育了人类文明古国，恶化的自然条件导致了玛雅文明、楼兰文明的衰落。自然界是客观的过程集合体、有机的生命共同体，任何文明都必须认识到自然的系统性、人与自然的系统性，都必须维护这些系统的有机整体性，否则，人类和文明就会失去立足之地。习近平生态文明思想提出了"坚持山水林田湖草沙冰系统治理"的科学原则，明确了建设人与自然和谐共生现代化的系统方法论要求。

自然是生命共同体，我们必须统筹考虑自然界的各种要素、力量、过程，不断增强自然界生态循环能力和生态服务功能，这样，才能在维护自然界整体系统平衡的基础上，提供更多优质生态产品。例如，气圈、水圈、土圈存在整体关联，因此，在打赢蓝天、碧水、净土三项保卫战的同时，我们要将污染防治攻坚战作为一场总体战加以推进。进而，必须完善协调维护人口、资源、能源、环境、生态安全、防灾减灾救灾等方面可持续性的机制。

人与自然是生命共同体，我们必须完善统筹协调自然系统和社会系统

的机制。现在，降碳已成为生态文明建设的重点方向，我们要将降碳和治污统一起来，将碳达峰、碳中和纳入社会经济发展和生态文明建设当中。根据疫情防控的现实需要，我们要将保护野生动物、防范生物安全风险和生态环境风险、践行绿色生活方式纳入爱国卫生运动当中，统筹推进疫情防控和生态文明建设。在总体上，我们要完善统筹推进经济建设、政治建设、文化建设、社会建设、生态文明建设的机制，完善中国特色社会主义总体布局。人类文明新形态就是实现物质文明、政治文明、精神文明、社会文明、生态文明全面提升的文明，完善和拓展了文明系统的有机构成。

我们必须在系统推进经济现代化、政治现代化、文化现代化、社会现代化、生态环境领域的现代化的过程中，全面提升物质文明、政治文明、精神文明、社会文明、生态文明，来建设人与自然和谐共生的现代化。将生态文明看作超越工业文明的新文明形态，只能重蹈落后就要挨打的覆辙。

三、建设人与自然和谐共生现代化的发展路径

人类文明新形态是建立在先进生产力基础之上的文明。但是，没有自然界提供的劳动要素，生产力便会成为"无米之炊"。劳动加上自然界，是一切财富的基础和来源。先进生产力不仅是在持续的自然生产力的基础上实现经济生产力永续发展的生产力，而且是按照人与自然和谐共生原则和方向发展的生产力。习近平指出，"我国建设社会主义现代化具有许多重要特征，其中之一就是我国现代化是人与自然和谐共生的现代化，注重同步推进物质文明建设和生态文明建设"[1]。因此，我们要坚持不懈推动绿

---

[1] 习近平. 努力建设人与自然和谐共生的现代化. 求是，2022（11）.

色低碳发展，建立健全绿色低碳循环发展经济体系，促进经济社会发展全面绿色转型。只有以此为经济基础，才能保证人类文明新形态的永续性。

现代化代表着当下的先进生产力。由于按照资本逻辑推进现代化，西方现代化走过了一条先污染后治理的道路。以此为鉴，在坚持社会主义现代化道路的基础上，我们的现代化必须是人与自然和谐共生的现代化。这是中国式现代化新道路的重要规定和发展方向。实现人与自然和谐共生的现代化，就是要将生态化作为现代化的前提、内容、方向，即促进人与自然和谐共生是中国式现代化的本质要求之一。

现代化是一个生生不息的过程。西方现代化经历了工业化、城市化、农业现代化、信息化的发展顺序，并将生态化纳入其中，形成了生态现代化范式。现在，我国以农业产业化为主要内容的农业现代化尚未完全完成，工业化进入中后期发展阶段，信息化已有所发展。相比之下，只有坚持绿水青山就是金山银山的理念，协同推进新型工业化、信息化、城镇化、农业现代化和绿色化，我们才能赶超西方现代化。协同推进新型工业化、信息化、城镇化、农业现代化和绿色化，就是要系统集成农业文明、工业文明、信息文明和生态文明的先进成果，推动人类文明不断升级换代。这样，就开辟出了人类文明新形态的发展方向。

我们要在协同推进"新四化"和绿色化的过程中，来建设人与自然和谐共生的现代化。这样，我们就可以在生态文明的基础上集成农业文明、工业文明、信息文明的成果，推进人类文明永续发展。如果将乡村文明看作生态文明的进路，只能导致浪漫主义的复辟。

四、建设人与自然和谐共生现代化的开放视野

面向时代主题，中国在追求建设美丽中国的同时，致力于建设清洁美

丽的世界，呼吁共同呵护好地球这一人类的共同家园。全球生态文明建设是世界文明的重要要素，拓展了人类文明新形态的维度。

地球是人类的唯一家园。面对全球性问题，我们不可能带着地球去"流浪"，只能乘着地球"飞船"在宇宙中航行。这是人类的唯一出路和共同命运。中国共产党人创造性地提出了人类命运共同体的理念。按照这一理念，我们要"构建人与自然和谐共生的地球家园"，"构建经济与环境协同共进的地球家园"，"构建世界各国共同发展的地球家园"①。我们必须引领全球化向着开放、包容、普惠、平衡、共赢的方向发展，坚持做世界和平的建设者、全球发展的贡献者、国际秩序的维护者。

构筑尊崇自然、绿色发展的生态体系，是构建人类命运共同体的内在要求和基础工程。面对气候变暖问题，我们坚持推动构建能源命运共同体和气候命运共同体。中国通过自身努力和奉献，推动国际社会达成了《巴黎协定》及其后续文件。面对生物安全问题，2021 年 10 月，中国成功承办了《生物多样性公约》第十五次缔约方大会第一阶段会议，同国际社会一道开启了全球生物安全治理新进程。面对海洋问题，我们坚持加强海洋生态文明建设，推动建立海洋命运共同体。面对新冠肺炎疫情，我们坚持推动构建人类卫生健康共同体。中国已经将自己独立研发出的疫苗作为公共产品来支援全球抗疫。面对贫困问题，中国现行标准下 9 899 万农村贫困人口全部脱贫，提前 10 年实现了《联合国 2030 年可持续发展议程》减贫目标。这是对全球可持续发展的重大贡献。现在，中国已经成为全球生态文明建设的重要参与者、引领者、贡献者，促进人类文明新形态日益

———————————

① 习近平．共同构建地球生命共同体：在《生物多样性公约》第十五次缔约方大会领导人峰会上的主旨讲话．人民日报，2021 - 10 - 13（2）．

成为世界文明。

　　单纯的文化本位主义和单纯的"言必称希腊"，都不可能建成生态文明。建设人与自然和谐共生的现代化，既需要文明交流互鉴，也必将推动形成世界文明，最终会推动人类走向自然主义和人道主义相统一的共产主义大同世界。

　　总之，只有建设好人与自然和谐共生的现代化，我们才能保证中国式现代化的永续性，才能保证人类文明新形态的永续性。

参考文献

［1］马克思，恩格斯．马克思恩格斯文集：第 1 卷．北京：人民出版社，2009．

［2］马克思，恩格斯．马克思恩格斯文集：第 5 卷．北京：人民出版社，2009．

［3］马克思，恩格斯．马克思恩格斯文集：第 6 卷．北京：人民出版社，2009．

［4］马克思，恩格斯．马克思恩格斯文集：第 7 卷．北京：人民出版社，2009．

［5］马克思，恩格斯．马克思恩格斯文集：第 9 卷．北京：人民出版社，2009．

［6］习近平．高举中国特色社会主义伟大旗帜 为全面建设社会主义现代化国家而团结奋斗：在中国共产党第二十次全国代表大会上的报告．人民日报，2022 - 10 - 26（1）．

［7］习近平．决胜全面建成小康社会 夺取新时代中国特色社会主义伟大胜利：在中国共产党第十九次全国代表大会上的报告．人民日报，2017 - 10 - 28（1）．

[8] 习近平. 在庆祝中国共产党成立 100 周年大会上的讲话. 人民日报, 2021 - 07 - 02 (2).

[9] 习近平. 在全国抗击新冠肺炎疫情表彰大会上的讲话. 人民日报, 2020 - 09 - 09 (2).

[10] 习近平. 在全国脱贫攻坚总结表彰大会上的讲话. 人民日报, 2021 - 02 - 26 (2).

[11] 习近平. 在省部级主要领导干部学习贯彻党的十八届五中全会精神专题研讨班上的讲话. 人民日报, 2016 - 05 - 10 (2).

[12] 习近平. 推动我国生态文明建设迈上新台阶. 求是, 2019 (3).

[13] 习近平. 把握新发展阶段, 贯彻新发展理念, 构建新发展格局. 求是, 2021 (9).

[14] 习近平. 在深入推动长江经济带发展座谈会上的讲话. 人民日报, 2018 - 06 - 14 (2).

[15] 习近平. 共谋绿色生活, 共建美丽家园: 在二〇一九年中国北京世界园艺博览会开幕式上的讲话. 人民日报, 2019 - 04 - 29 (2).

[16] 习近平. 在联合国生物多样性峰会上的讲话. 人民日报, 2020 - 10 - 01 (3).

[17] 习近平. 继往开来, 开启全球应对气候变化新征程: 在气候雄心峰会上的讲话. 人民日报, 2020 - 12 - 13 (2).

[18] 习近平. 共同构建人与自然生命共同体: 在"领导人气候峰会"上的讲话. 人民日报, 2021 - 04 - 23 (2).

[19] 习近平. 共同构建地球生命共同体: 在《生物多样性公约》第十五次缔约方大会领导人峰会上的主旨讲话. 人民日报, 2021 - 10 - 13 (2).

[20] 习近平. 努力建设人与自然和谐共生的现代化. 求是, 2022

（11）．

　　［21］中共中央文献研究室．习近平关于社会主义生态文明建设论述摘编．北京：中央文献出版社，2017．

　　［22］中共中央党史和文献研究院．习近平关于统筹疫情防控和经济社会发展重要论述选编．北京：中央文献出版社，2020．

　　［23］习近平．之江新语．杭州：浙江人民出版社，2007．

　　［24］中共中央关于坚持和完善中国特色社会主义制度 推进国家治理体系和治理能力现代化若干重大问题的决定．人民日报，2019－11－06（1）．

　　［25］中共中央关于制定国民经济和社会发展第十四个五年规划和二〇三五年远景目标的建议．人民日报，2020－11－04（1）．

　　［26］中共中央国务院关于加快推进生态文明建设的意见．人民日报，2015－05－06（1）．

　　［27］中共中央国务院关于全面加强生态环境保护 坚决打好污染防治攻坚战的意见．人民日报，2018－06－25（1）．

　　［28］中共中央国务院关于完整准确全面贯彻新发展理念做好碳达峰碳中和工作的意见．人民日报，2021－10－25（1）．

　　［29］中共中央关于党的百年奋斗重大成就和历史经验的决议．人民日报，2021－11－17（1）．

　　［30］中共中央宣传部．中国共产党的历史使命与行动价值．人民日报，2021－08－27（1）．

　　［31］中华人民共和国国民经济和社会发展第十四个五年规划和2035年远景目标纲要．人民日报，2021－03－13（1）．

　　［32］迈向21世纪：联合国环境与发展大会文献汇编．北京：中国环境科学出版社，1992．

［33］21 世纪议程．国家环境保护局，译．北京：中国环境科学出版社，1993.

［34］联合国．变革我们的世界：2030 年可持续发展议程．（2019 - 07 - 22）［2021 - 12 - 24］．http：//www. acca21. org. cn/trs/0001003100010004/15078. html.

［35］莫尔，索南菲尔德．世界范围的生态现代化：观点和关键争论．张鲲，译．北京：商务印书馆，2011.

［36］德赖泽克．地球政治学：环境话语．蔺雪春，郭晨星，译．济南：山东大学出版社，2008.

［37］多布森．绿色政治思想．郇庆治，译．济南：山东大学出版社，2005.

［38］麦茜特．自然之死：妇女、生态和科学革命．吴国盛，等译．长春：吉林人民出版社，1999.

［39］A. P. J. Mol，D. A. Sonnenfeld，G. Spaargaren. The ecological modernisation reader：environmental reform in theory and practice. London and New York：Routledge，2009.

［40］Arthur P. J. Mol. Environment and modernity in transitional China：frontiers of ecological modernization. Development and change，2006（1）.

［41］John Bellamy Foster. James Hansen and the climate-change exit strategy. Monthly review，2013（9）.

［42］John Bellamy Foster，Intan Suwandi. COVID-19 and catastrophe capitalism. Monthly review，2020（2）.

［43］John Bellamy Foster. Engels's dialectics of nature in the Anthropocene. Monthly review，2020（6）.

图书在版编目（CIP）数据

建设人与自然和谐共生的现代化/张云飞，李娜著
. -- 北京：中国人民大学出版社，2022.9
（中国式现代化研究丛书/张东刚，刘伟总主编）
ISBN 978-7-300-30736-7

Ⅰ.①建… Ⅱ.①张… ②李… Ⅲ.①生态环境建设
-研究-中国 Ⅳ.①X321.2

中国版本图书馆 CIP 数据核字（2022）第 103610 号

中国式现代化研究丛书

张东刚　刘　伟　总主编

建设人与自然和谐共生的现代化

张云飞　李　娜　著

Jianshe Ren yu Ziran Hexie Gongsheng de Xiandaihua

出版发行	中国人民大学出版社	
社　　址	北京中关村大街 31 号	**邮政编码**　100080
电　　话	010 - 62511242（总编室）	010 - 62511770（质管部）
	010 - 82501766（邮购部）	010 - 62514148（门市部）
	010 - 62515195（发行公司）	010 - 62515275（盗版举报）
网　　址	http://www.crup.com.cn	
经　　销	新华书店	
印　　刷	涿州市星河印刷有限公司	
规　　格	165 mm×238 mm　16 开本	**版　　次**　2022 年 9 月第 1 版
印　　张	15 插页 2	**印　　次**　2022 年 11 月第 2 次印刷
字　　数	152 000	**定　　价**　49.00 元